黑 龙 江 省 精 品 图 书 出 版 工 程
"十三五" 国家重点出版物出版规划项目

先进制造理论研究与工程技术系列

FUNDAMENTAL AND APPLICATION OF THE DROPLET MICROFLUIDIC SYSTEM

液滴微流控系统基础及应用

曾文 著

哈爾濱工業大學出版社
HITP HARBIN INSTITUTE OF TECHNOLOGY PRESS

内 容 简 介

本书主要介绍液滴微流控系统基本组成、液滴微流控系统基础理论、液滴形成机理与数学模型、液滴尺寸变化规律和液滴尺寸在线测量方法,同时,以皮升级液滴数字 PCR 系统为例,重点介绍了液滴微流控系统在新型冠状病毒感染肺炎核酸检测等生物医学领域的应用研究。

本书可帮助读者学习液滴微流控系统基础理论,并熟悉液滴微流控系统在交叉学科领域的最新发展方向,可作为微机电系统工程专业研究生教材使用,也可供从事微流控系统的研究人员参考。

图书在版编目(CIP)数据

液滴微流控系统基础及应用/曾文著. —哈尔滨:哈尔滨工业大学出版社,2022.4
ISBN 978 - 7 - 5603 - 9895 - 2

Ⅰ.①液… Ⅱ.①曾… Ⅲ.①液滴－微流体动力学—研究 Ⅳ.①TQ038.1

中国版本图书馆 CIP 数据核字(2021)第 266130 号

策划编辑　张　荣　李长波
责任编辑　范业婷　谢晓彤
出版发行　哈尔滨工业大学出版社
社　　址　哈尔滨市南岗区复华四道街 10 号　邮编 150006
传　　真　0451 - 86414749
网　　址　http://hitpress.hit.edu.cn
印　　刷　哈尔滨市工大节能印刷厂
开　　本　787 mm×1 092 mm　1/16　印张 10.75　字数 252 千字
版　　次　2022 年 4 月第 1 版　2022 年 4 月第 1 次印刷
书　　号　ISBN 978 - 7 - 5603 - 9895 - 2
定　　价　48.00 元

前　言

　　液滴微流控系统是 21 世纪最为前沿的学科方向之一,它涉及流体力学、生物、医学、化学和系统控制等多个学科,其中,在微流道中如何形成离散的微小液滴并精确控制液滴尺寸,是目前液滴微流控系统研究的重点与难点,对于促进液滴微流控系统在交叉学科领域的应用十分关键。基于液滴微流控系统开发的微流控芯片,在化学、材料以及生物医学等领域都有广泛的应用。设计特定结构的微流控芯片,在芯片上可以实现液滴形成、合并、融合及分离等操作,并得到不同尺寸的微小液滴。以液滴为微小单元,在液滴单元内可以完成 PCR 扩增、病毒核酸检测、蛋白质合成以及生物细胞检测等生物医学试验。本书主要介绍液滴微流控系统基本组成、液滴微流控系统基础理论、液滴形成机理与数学模型、液滴尺寸变化规律和液滴尺寸在线测量方法,同时,以皮升级液滴数字 PCR 系统为例,重点介绍了液滴微流控系统在新型冠状病毒核酸检测等生物医学领域的应用研究。

　　第 1 章为液滴微流控系统简介,其中包括液滴微流控系统组成、液滴形成、液滴尺寸测量与调节、液滴微流控技术以及微流控芯片;第 2 章介绍液滴微流控系统基础理论,其中包括压力驱动装置的数学模型、液滴形成的数学模型以及 PDMS 微流道的数学模型;第 3 章介绍液滴形成规律,其中包括液滴尺寸仿真分析、液滴形成过程压力脉动仿真分析、PDMS 微流道压力脉动仿真分析、液滴尺寸试验测试、液滴尺寸不一致性试验测试以及 PDMS 微流道压力脉动试验测试;第 4 章介绍液滴尺寸在线测量,其中包括液滴尺寸电检测数学模型、微电极电容变化仿真分析以及液滴尺寸电检测试验测试;第 5 章介绍电检测闭环液滴微流控系统,其中包括电检测闭环液滴微流控系统搭建、压力驱动装置动态特性仿真分析、电检测闭环液滴微流控系统动态特性仿真分析、压力驱动装置动态特性试验测试以及电检测闭环液滴微流控系统动态特性试验测试;第 6 章介绍皮升级液滴数字 PCR,其中包括皮升级液滴数字 PCR 系统组成、皮升级液滴数字 PCR 核酸检测原理、液滴微流控与皮升级液滴数字 PCR 技术发展、皮升级液滴数字 PCR 系统以及皮升级液滴数字 PCR 系统试验研究;第 7 章介绍液滴微流控系统其他应用,其中包括应用背景、化学反应、医疗药物配置、医学成像、生物分子合成、微流控芯片诊断、药物开发以及微流体混合。

本书撰写过程中,得到了李松晶教授、姜继海教授、姜洪洲教授、佟志忠副教授等老师的悉心指导与帮助,在此表示衷心感谢。

因作者水平有限,书中难免存在疏漏之处,恳请读者批评指正。

作　者
2022 年 1 月

目　　录

第1章

液滴微流控系统简介

　　液滴微流控系统是 21 世纪最为前沿的学科方向之一,它涉及流体力学、生物、医学、化学和系统控制等多个学科,其中,在微流道中如何形成离散的微小液滴并精确控制液滴尺寸是目前液滴微流控系统研究的重点和难点,对于微流控系统在交叉学科领域的应用十分关键。围绕微流控系统开发的微流控芯片在化学、生物、医学等领域都有广泛的应用。在微流控芯片中,通过液滴的形成、合并以及融合等可以形成不同体积的微小液滴。同时,以液滴为微小单元,在单个液滴内部可以模拟生物细胞内的生化反应,并实现蛋白质信息表达、DNA 测试及纳米颗粒合成等。基于液滴微流控系统试验平台,可开展材料、生物及医学等多学科领域的前沿研究。

1.1　液滴微流控系统组成

　　液滴微流控系统主要包括:微流体流量供给装置、微流体流量调节装置、微流控芯片、液滴图像采集与液滴尺寸测量装置。目前,液滴微流控系统的流量调节方式主要有两种:采用泵驱动和采用压力驱动调节液体流量。采用微流控系统形成的液滴,液滴形成速度快、效率高,且液滴尺寸的一致性较好。

1.1.1　泵驱动液滴微流控系统

　　对于泵驱动液滴微流控系统,注射泵是最常用的流量调节元件。由于注射泵结构简单、可靠性高、价格低,因此在液滴微流控系统研究中,应用十分广泛。采用注射泵调节液体流量,设计特定的微流道结构,组成泵驱动液滴微流控系统,该系统的工作原理图如图 1.1 所示,其中,注射泵采用步进电机驱动,通过控制步进电机的转速改变注射泵的进给速度,调节两相液体流量。

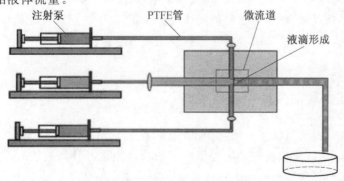

图 1.1　泵驱动液滴微流控系统的工作原理图

同时,Li 等对注射泵流量的脉动频率进行定量测量,其测量原理图如图 1.2 所示。试验中,设计微流道结构并选取两种不相溶液体,保持连续相液体流量不变,采用注射泵调节离散相液体流量,由于注射泵的流量变化会引起两相液体交界面的波纹脉动,通过测量液体交界面的波纹脉动频率可以得到注射泵流量的变化频率。研究发现,对于不同型号的注射泵,输出流量均存在周期性脉动,且脉动频率与注射泵机械脉动频率保持一致。

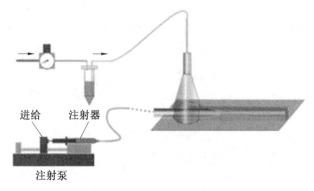

图 1.2　注射泵流量的脉动频率测量原理图

液滴形成的过程中,注射泵的流量变化对于液滴形成的稳定性、液滴尺寸的调节精度以及液滴尺寸的不一致性具有重要影响。Hong 等采用注射泵调节液体流量,通过改变设定流量大小测试注射泵实际输出流量随时间的变化,经过上百秒,实际输出流量趋于稳定,其流量调节动态响应速度较慢。同时,Goulpeau 等也开展了相关的研究工作,采用注射泵调节微流控系统液体流量,当系统流量变化幅值较大时,需要近 1 h,注射泵实际输出流量达到稳定值,难以实现微流控系统流量的快速调节。此外,将微小注射泵与微流控芯片集成为一体,通过试验测试发现,与常规注射泵相比,其动态响应速度变快,流量动态响应时间约为 1 min。采用注射泵调节液体流量,在 T 型微流道中形成液滴,液滴体积随两相液体流量比线性变化。同时,Korczyk 等在液滴形成过程中,通过测量液滴尺寸随时间的变化,发现液滴尺寸存在周期性的低频脉动,该脉动频率与注射泵流量的变化频率保持一致。由于注射泵流量变化,在微流道中会产生压力脉动,并影响液滴形成的稳定性,采用低弹性的聚二甲基硅氧烷(PDMS)微流道可以减弱微流道的压力脉动对于液滴形成过程的影响,提高液滴尺寸的控制精度,降低液滴尺寸不一致性的大小。

通过以上分析可知,对于泵驱动液滴微流控系统,由于注射泵存在流量变化和动态响应速度慢等缺点,会影响液滴微流控系统的动态调节特性、液滴形成的稳定性以及液滴尺寸的不一致性。

1.1.2　压力驱动液滴微流控系统

对于压力驱动液滴微流控系统,通常采用压缩空气作为动力源,通过压缩空气挤压密闭容器内的液体,给液滴微流控系统提供稳定的液体流量,同时,通过改变密闭容器的气体驱动压力可以给系统输出不同的液体流量。压力驱动液滴微流控系统的工作原理图如图 1.3 所示。

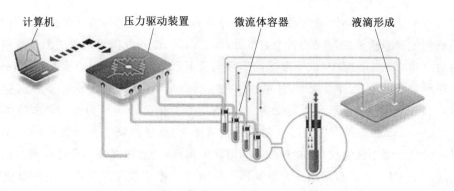

图 1.3　压力驱动液滴微流控系统的工作原理图

　　采用常规的气压减压阀、电磁阀及连接接头等元件搭建压力驱动装置,可以实现液滴微流控系统的流量调节,其工作原理图如图 1.4 所示。与泵驱动相比,采用压力驱动调节系统流量能提高液体流量的动态响应速度和液滴尺寸的调节精度。

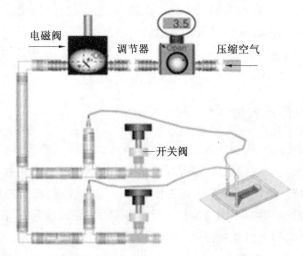

图 1.4　压力驱动装置调节液滴微流控系统流量的工作原理图

　　Zeng 等分别测试泵驱动和压力驱动液滴微流控系统对应的液滴尺寸不一致性的大小,发现采用压力驱动调节两相液体流量可以降低液滴尺寸不一致性的大小。同时,对于液滴微流控系统,液滴形成过程能引起微流道局部的压力脉动,该脉动频率较高,会影响液滴尺寸的稳定性。Glawdel 等在 T 型微流道中,分别采用泵驱动和压力驱动调节液体流量,试验测试微流道液滴流速和液滴间隙随时间的变化,发现采用压力驱动可以降低液滴流速和液滴间隙的脉动幅值,提高液滴形成的稳定性。Zec 等设计了液滴微流控系统试验平台,采用压力驱动调节液体流量,同时将气压微阀等控制元件与该试验平台集成为一体,可以快速、高效地形成液滴,通过改变气体驱动压力以及气压微阀的工作状态,可以形成不同尺寸的微小液滴,且液滴尺寸的一致性较好。Schneider 等针对压力驱动液滴微流控系统,通过仿真分析与试验测试,重点研究了 T 型微流道中外部驱动压力、两相液体黏度及界面强度等对液滴尺寸的影响,同时,两相液体黏度及界面强度一定时,通过改变驱动压力可以实现液滴尺寸的快速调节。此外,为研究压力驱动装置的动态特性,Kim

等对压力驱动调节液体流量的动态特性进行仿真分析与试验测试,同时提出一种新方法,能精确测量液滴微流控系统的各个组成元件,如微泵、微阀及微流道等的液体流量。在压力驱动液滴微流控系统中,由于形成离散液滴会引起微流道局部压力变化,Fuerstman 等对于矩形微流道中,由单个液滴引起的压差进行定量研究,通过理论计算和试验测试发现,单个液滴前后,微流道压力会发生突变,该压力变化会影响压力驱动调节液体流量的稳定性。Kebriaei 等采用压力驱动调节两相液体流量,通过调节两相液体的驱动压力比可以实时改变微小液滴尺寸,并减小不同液滴的尺寸差别,提高液滴尺寸的调节精度。

通过上述分析可知,采用压力驱动调节液滴微流控系统流量能改善液滴微流控系统的动态特性,提高液体流量的控制精度和液滴形成的稳定性。

1.2　液滴形成

液滴形成的过程中,影响液滴尺寸的因素较多,主要包括两相液体的流量比、黏度比、界面强度、微流道表面的疏水性以及微流道的结构尺寸等。目前,研究人员主要通过仿真分析与试验测试得到液滴形成的不同状态,以及液体的流量比、黏度比和微流道结构尺寸等对液滴形成规律的影响。

1.2.1　液滴形成方法

研究液滴形成方法并比较各种方法的优缺点可以在微流道中形成特定尺寸的微小液滴,并更好地搭建液滴微流控系统,满足液滴微流控系统在化学、生物及医学等领域的应用要求。其中,传统的液滴形成方法包括喷墨打印形成液滴、机械振动与分离形成液滴等,采用上述方法形成液滴,不同液滴的尺寸差别较大,且液滴尺寸难以精确控制。通过设计特殊的微流道结构并搭建液滴微流控系统可以在微流道中形成微小液滴。与传统液滴形成方法相比,采用微流控系统形成液滴可提高液滴形成的稳定性和液滴尺寸的精度。基于液滴微流控系统,液滴形成的方法主要有两种:被动式和主动式。被动式方法需要设计特定的微流道结构,通过两种不相溶液体在微流道中流动并汇合,由两相液体的表面张力和剪切力共同作用形成液滴;主动式方法需要在微流道两侧施加电场、磁场、温度场等物理场,通过外界物理场对液体的作用力将离散相液体分离形成液滴。

被动式液滴形成方法采用的微流道结构主要有三种:T 型(T－junction)微流道、聚集型(Flow－focusing)微流道和同轴型(Coaxial)微流道,液滴形成的三种微流道结构如图 1.5 所示。其中,T 型微流道是最常用的微流道结构,水平流道中流入的是连续相液体,垂直流道中流入的是离散相液体。当两相液体在 T 型微流道交汇处相遇时,连续相液体对离散相液体产生剪切作用,将离散相液体剪断形成微小液滴。聚集型微流道采用最多的是十字形结构,其中,水平流道中流入的是离散相液体,垂直流道中上、下流入的均是连续相液体。当两相液体在十字形结构交汇处相遇时,连续相液体对离散相液体上、下同时挤压,离散相液体被剪断形成微小液滴。同轴型微流道采用平行的微流道结构,其中,水平流道上、下流入的是连续相液体,中间流入的是离散相液体,两相液体在水平流道中相遇并相互作用,通过连续相液体对离散相液体的挤压、剪切作用将离散相液体分离形成微小液滴。

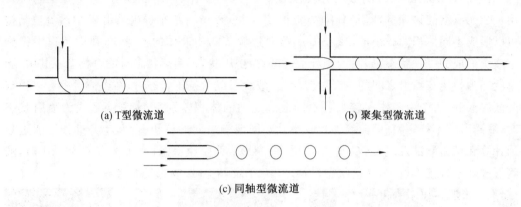

(a) T型微流道

(b) 聚集型微流道

(c) 同轴型微流道

图 1.5　液滴形成的三种微流道结构

三种微流道结构中,T 型微流道结构简单且只有两路液体流入,形成离散的微小液滴并调节液滴尺寸需要的流量调节元件的数量较少。此外,在 T 型微流道中,通过试验测试发现,当毛细管数较小时,液滴尺寸与两相液体流量比具有较好的线性关系,而在聚集型和同轴型微流道中,液滴尺寸与两相液体流量比为非线性关系。与聚集型和同轴型微流道相比,采用 T 型微流道可以更好地描述液滴形成规律,实现液滴尺寸的闭环调节和精确控制。因此,本书主要研究 T 型微流道中的液滴形成规律,并建立液滴形成过程的数学模型,为搭建闭环液滴微流控系统及提高液滴尺寸控制精度提供理论基础。

主动式液滴形成方法目前最常用的是电润湿驱动(EWOD)。电润湿驱动形成液滴的过程简单归结为:首先在微流道两侧布置阵列电极并施加电场,当离散相液体流过微流道时,通过控制电极的通电顺序和时间可以改变液体与微流道表面的接触角,并对液体产生作用力,将离散相液体强制分离形成微小液滴。采用 EWOD 方法形成液滴,其液滴尺寸与电场的强度、频率以及微流道宽度等因素有关,通常电场变化频率越高,液滴尺寸越大。与被动式液滴形成方法相比,EWOD 方法不需要注射泵、微阀等流量调节元件,可以减小液滴微流控系统的体积,提高液滴微流控系统的集成度。不过,EWOD 方法需要在微流道两侧施加电场,当液滴形成过程需要携带某些生物大分子时,如 DNA、蛋白质等,该外部电场会改变生物分子的活性,影响后续的生物、医学试验,因此,采用 EWOD 方法搭建液滴微流控系统难以在生物分析、医学检测等领域开展研究工作。此外,研究人员还采用磁驱动、热驱动等方法在微流道中形成液滴。这些方法在液滴形成过程中需要外加磁场、温度场等物理场,将改变液体的黏度、密度等物理属性,并降低液滴形成稳定性和液滴的尺寸精度。

通过以上分析可知,与主动式的液滴形成方法比较,被动式的液滴形成方法在液滴形成过程中不会改变液体的物理属性,能更好地满足液滴微流控系统的研究及应用需求。

1.2.2　液滴形成状态

在 T 型微流道中，液滴形成的状态主要有三种：挤压、滴落和喷射，这三种状态主要由一个无量纲的物理量，即毛细管数 C_a 决定。Thorsen 等最早提出采用 T 型微流道结构可以形成不同体积的微小液滴。Stone 等通过调节两相液体的流量比，在微流道中得到了液滴形成的三种状态，如图 1.6 所示，分别为挤压状态、滴落状态与喷射状态。其中，滴落状态为挤压与喷射之间的一个过渡状态，液滴形成为挤压状态时，在微流道中可以得到分散的液滴，每个液滴体积较大且不同液滴之间的体积差别很小，液滴形成为喷射状态时，液滴形成不稳定，每个液滴体积较小且不同液滴之间的体积差别较大。同时，通过数值计算和试验测试发现，当 $C_a \leqslant 0.01$ 时，液滴形成为挤压状态；当 $0.01 < C_a < 0.1$ 时，液滴形成处于过渡阶段，为滴落状态；当 $C_a \geqslant 0.1$ 时，液滴形成为喷射状态。

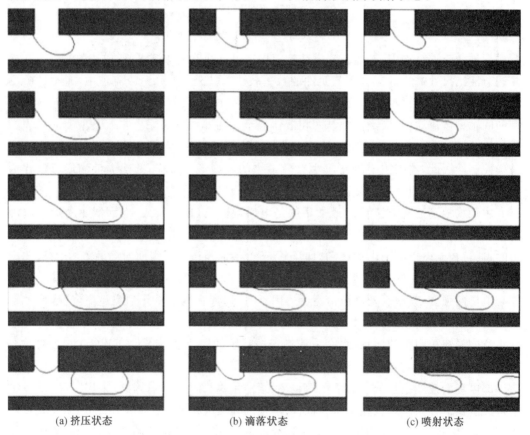

(a) 挤压状态　　　　　　　　(b) 滴落状态　　　　　　　　(c) 喷射状态

图 1.6　T 型微流道中液滴形成的三种状态

哈佛大学的 Whitesides 等采用 T 型微流道结构，通过改变两相液体的流量比，由试验测试得到了液滴长度随两相液体的流量比变化的曲线，如图 1.7 所示。研究发现，当毛细管数较小时，液滴长度与两相液体的流量比近似为线性关系，其中，线性关系的系数仅由 T 型微流道的结构尺寸决定，与两相液体的黏度、界面强度等参数无关。滑铁卢大学的 Ren 等设计 T 型微流道,在毛细管数较小时,将液滴形成及脱落过程分为三个阶段。通过受力分析建立每个阶段对应的液滴体积数学模型,并与试验测试结果进行比较,得到了液滴体积、液滴间隙及液滴形成速度随两相液体的流量比变化的关系。Christopher 等采用 T 型微流道结构,通过改变两相液体的流量比试验观察发现液滴形成的两种状态及其相互转化。当液滴形成为挤压状态时,液滴体积主要取决于两相液体的流量比,不随毛细管数变化;当液滴形成为滴落状态时,毛细管数、两相液体的流量比及黏度比均会影响液滴的体积大小。

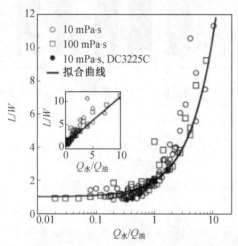

图 1.7　液滴长度随两相液体的流量比变化的曲线

清华大学的徐建鸿等在 T 型微流道中,通过试验测试得到了液滴长度随两相液体的流量比及毛细管数变化的曲线,并且将试验结果与前人的测量结果比较,两者的一致性较好。此外,徐建鸿等在液滴形成的过程中,通过在液体中添加表面活性剂改变两相液体的界面强度,并观察不同界面强度对液滴形成状态的影响,同时,进行液滴形成试验测试液滴直径随两相液体的流量比的变化规律,得到两相液体的流量比、界面强度等对于液滴尺寸的影响。

上述关于液滴形成方法和液滴形成规律的研究为本书设计微流道结构、分析液滴形成过程及液滴形成状态、建立液滴尺寸的数学模型提供了理论指导与试验参考。

1.3　液滴尺寸测量与调节

为了较好地控制液滴尺寸,在液滴形成过程中,需要实时测量液滴尺寸。由于液滴形成速度快、体积小,因此,在线测量液滴尺寸具有一定难度。特别地,为了搭建闭环液滴微流控系统,实现液滴尺寸的闭环调节,需要精确、快速地测量微流道中形成的液滴的尺寸。目前,液滴尺寸的测量方法主要有两种:图像处理方法和电检测方法。

图像处理方法是最常用的液滴尺寸测量方法,需要采用显微镜和高速相机拍摄液滴图像,并经过图像处理来获取液滴尺寸,采用图像处理方法测量液滴尺寸的原理图如图

1.8 所示。根据拍摄的液滴图像,首先捕捉液滴边界,然后选取边界清晰的完整液滴,分别对各个液滴内部进行颜色填充,最后测量各个液滴的像素值,获取液滴尺寸。

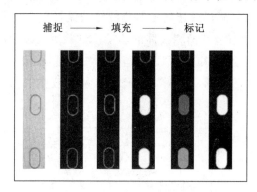

图 1.8 采用图像处理方法测量液滴尺寸的原理图

对于不同形状、不同体积以及不同液体成分的微小液滴,采用图像处理方法可以准确测量液滴尺寸。不过,图像处理方法需要用显微镜、高速相机等昂贵的检测设备,对拍摄图像的质量要求较高。同时,图像处理过程复杂,处理时间较长,一定程度上会影响液滴尺寸测量的快速性和实时性。为了提高液滴尺寸的测量速度,电检测方法开始应用于液滴微流控系统,实现液滴尺寸的快速测量。采用电检测方法测量液滴尺寸的原理图如图 1.9 所示。对于相对介电系数差别较大的两种液体,可以采用电检测方法测量液滴尺寸。与图像处理方法相比,电检测方法不需要用显微镜、高速相机等昂贵的测量设备,检测成本较低。同时,电检测方法的测量时间短、速度快,对于改善闭环液滴微流控系统的动态特性,实现液滴尺寸的快速调节和精确控制具有重要意义。

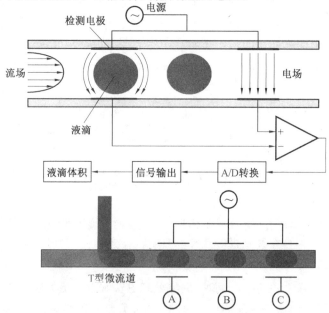

图 1.9 采用电检测方法测量液滴尺寸的原理图

液滴尺寸的调节精度是液滴微流控系统研究的重点内容,对于液滴微流控系统在化学、生物、医学、材料等多个学科开展应用研究十分关键。液滴微流控系统中,为了精确控制液滴尺寸,对两相液体的流量调节精度要求较高。液滴微流控系统通常采用注射泵调节液体流量,注射泵存在流量不稳定、流量调节精度低等缺点。为提高液体流量调节精度,可以采用压力驱动,并与微阀、微泵、压电致动器等元件相结合,调节液体流量并控制液滴尺寸。

Bransky 等将微小压电致动器与液滴微流控系统集成为一体,给微小压电致动器输入驱动电压,实现微小压电致动器伸缩,通过改变 PDMS 微流道的过流面积调节液体流量,形成不同尺寸的微小液滴。Churski 等将气压微阀与液体微流道集成为一体,实现液滴微流控系统的流量调节,改变气压微阀的开启时间,在微流道中可形成不同长度的微小液滴,当液体驱动压力一定时,液滴长度随开启时间线性增大。Choi 等设计气压微阀驱动器,将气压微阀驱动器固定在液体微流道表面,通过改变气压微阀的工作压力,调节液体微流道流量,形成不同体积的微小液滴。其中,气压微阀的压力控制精度对液滴尺寸的精度具有重要影响。Zeng 等设计 T 型微流道并采用气压微阀调节离散相液体流量,通过控制气压微阀的开启时间得到不同尺寸的液滴,采用气压微阀调节液滴尺寸的原理图如图 1.10 所示。试验测试发现,单个液滴的表面积与气压微阀的开启时间具有线性关系。

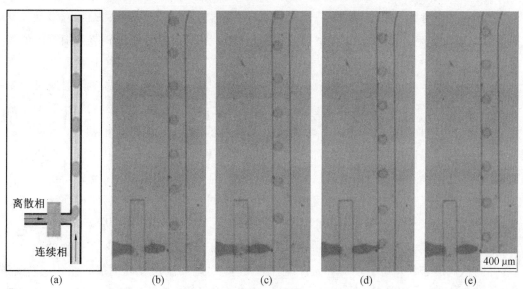

图 1.10　采用气压微阀调节液滴尺寸的原理图

基于多个气压微阀组成的微泵可以实现微流控系统微小流量供给,同时将微泵与微流控系统集成为一体,通过微泵调节液体流量可以形成特定尺寸的微小液滴。Gong 等采用电润湿驱动方法在玻璃表面形成离散的液滴,通过改变电场的频率和幅值控制单个液滴体积。Wang 等采用电泳驱动方式在微流道中形成单个液滴,同时通过光学测量元件在线测量液滴体积,实现液滴体积闭环调节,提高液滴形成的稳定性与液滴体积的控制精度。Link 等设计特殊的流道结构将较大尺寸的单个液滴分离为较小尺寸的多个液滴，并对液滴分离条件及子液滴尺寸进行定量研究。Moyle 等选取压力驱动液滴微流控系统，通过在线图像处理获取两相液体的交界面位置随时间的变化并反馈调节，间接控制形成液滴的尺寸，同时引入特殊的控制方法，可以减小液滴的尺寸脉动，提高液滴形成的稳定性。Kebriaei 等采用压力驱动调节两相液体的流量，在液滴形成过程中，保持连续相驱动压力不变，通过改变离散相驱动压力可以形成不同长度的微小液滴。

在液滴微流控系统中，由于注射泵的流量变化、液滴形成的不稳定性以及液滴尺寸的测量误差等因素，不同液滴之间存在尺寸差别，其差别大小被定义为液滴尺寸的不一致性。在液滴微流控系统中，液滴尺寸不一致性的大小与微流道的结构形状、液体流量的供给方式、流量调节的精度及液滴形成的速度等因素有关，微流道中，液滴尺寸不一致性的大小通常为 2%～10%。对于液滴微流控系统，选取特定的液体流动参数，提高液滴形成过程的稳定性，可以更好地控制液滴形成的速度和液滴尺寸，并降低液滴尺寸不一致性的大小。

Utada 等采用微小毛细管作为液体微流道，通过调节两相液体的流动顺序和流量可以快速形成离散的液滴，液滴直径从几微米到几百微米变化，且液滴尺寸不一致性的大小小于 3%。Garstecki 等设计聚集型微流道，通过改变离散相液体流量形成不同体积的微小液滴，通过试验测量液滴尺寸不一致性的大小，同时分析微流道的几何结构对液滴尺寸的不一致性的影响。Ganan－Calvo 等采用聚集型的毛细管结构，通过调节毛细管内的气体流量，在流道中可以快速地形成气泡，且气泡尺寸的一致性较好。对于液滴微流控系统，设计特定的微流道结构并合理选取微流道结构参数，当液滴形成稳定时，液滴尺寸不一致性的大小低于 5%。为了提高液滴的尺寸一致性，Link 等通过设计特殊的 T 型微流道结构可以稳定地形成液滴并减小液滴尺寸不一致性的大小，其变化范围为 2%～5%。Moritani 等设计具有多个分支的微流道结构，将体积较大的液滴分离形成体积较小的子液滴，能提高液滴尺寸的一致性，液滴尺寸不一致性的大小能低于 2%。此外，将微泵、微阀等元件与液滴微流控系统集成，可以快速、精确地调节两相液体的流量，根据微流控系统的应用需要，形成特定尺寸的微小液滴。

以上关于液滴尺寸控制的研究，通常需要设计特殊的微流道结构，采用特殊的驱动方式，并与微阀、微泵、压电致动器等元件结合为一体，实现液滴尺寸的调节。此外，关于液滴尺寸的不一致性的研究主要针对不同的微流道结构，采用不同的流量调节方式，分别测试微流道中液滴尺寸不一致性的大小。通过试验测试只能定性描述液滴尺寸的不一致性的变化规律。因此，为提高液滴形成的稳定性并精确控制液滴尺寸，需要建立液滴形成和液滴尺寸的数学模型，并对液滴尺寸的变化规律进行定量研究。

1.4　液滴微流控技术

　　小型化及微型化是当今科学技术的重要发展方向。液滴微流控技术是一门涉及化学、流体物理、微电子、新材料、生物学和生物医学工程的新兴交叉学科,其目标是实现从试样处理到检测的整体微型化、集成化、自动化与便携化,具有分析速度快、极微的样品需求量、液体流动可控等特点,已广泛应用于疾病诊断、药物筛选、环境检测、食品安全、司法鉴定、体育竞技以及反恐、航天等事关人类生存质量的领域。

　　液滴微流控技术和细胞生物学相互融合,创造出了新的芯片器官,它能够模拟体内器官复杂的结构和功能,在体外实现组织和器官水平的生理功能,研究各种生理和病理过程,弥补传统二维、三维细胞培养和动物试验的不足,提高疾病的研究水平和药物的研发效率。Huh 等设计了一种能够重现发生在人肺泡气血屏障上独有的应力环境的微流控肺泡仿生装置(图 1.11),该仿生装置能够重现流体机械应力和固体机械应力,研究通气条件下细胞损伤模拟,并成功使芯片器官完成了细菌和炎症细胞进入肺泡腔的反应过程。

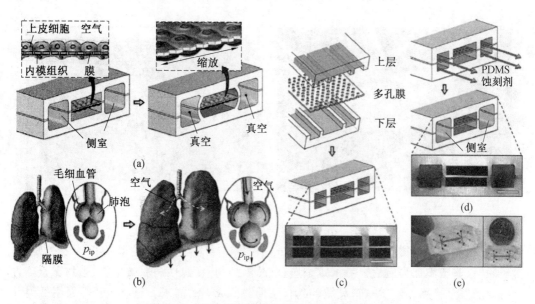

图 1.11　芯片器官模拟肺呼吸功能的仿生装置

　　液滴微流控技术与电化学储能形式的结合衍生出了微流控燃料电池,克服了传统燃料电磁微型化过程中出现的问题。Wang 等提出一种无膜微流控芯片燃料电池,如图 1.12 所示,通过具有几何形状分支的流体回路解决了流量分布不均匀和集成电路设计流体分流时电流的损失等问题。

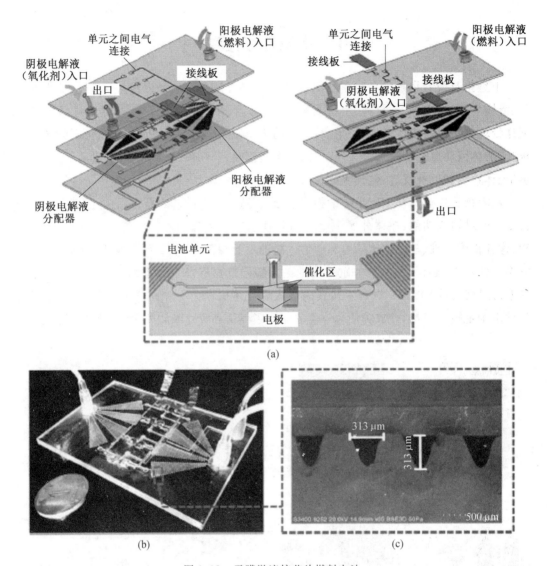

图 1.12　无膜微流控芯片燃料电池

目前,液滴微流控技术在食品安全分析领域取得了重大成就,成功应用于农药残留、兽药残留、非法添加物质、抗生素、重金属、食品添加剂、食源性病原微生物、生物霉素等方面的食品安全检测,满足快速、灵敏、准确、便携和低成本的需求。Segundo 等采用低温共烧陶瓷为基底,片外集成发光二极管和光电二极管,并采用二苯基甲酰胺作为显色剂的微流控重金属检测芯片,实现六价铬含量在水中连续流动检测,试验结果显示六价铬在 0.1～20 mg/L的范围内表现出良好的线性关系。

利用液滴微流控技术针对有不同迁移与黏附潜能的混合细胞群中的目标细胞进行分选与获取,例如从全血中分离和纯化白细胞,其过程更加温和、快速,操控一致,对生物学和医学领域的研究具有广泛的应用价值。宋平提出了一种系统简单、全自动操作和目标细胞无标记的从全血样本中分选白细胞的液滴微流控装置(图 1.13),该装置由微流控芯片、差分放大系统、数据采集系统和集成 LabVIEW 数据处理程序的计算机等组成。细胞

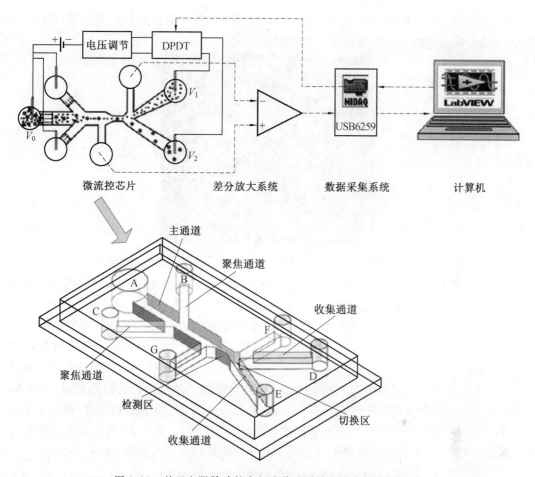

图 1.13 基于电阻脉冲的白细胞分选系统和微流控分选芯片

通过检测区时会使检测区的电阻值发生变化,电阻幅值的高低反映了细胞体积的大小,目标细胞随着电渗流流向设定的收集区,非目标细胞流向废液区,从而实现全血标本中白细胞的全自动分选。微流控芯片检测区尺寸为 $30~\mu m \times 15~\mu m \times 20~\mu m$ 时,电阻脉冲触发信号阈值设定为 2.5 V,分选后的白细胞的理论纯度可达 82%。

在不久的将来,液滴微流控技术将渗透到人类活动的各个方面,在生产、生活、学习、科研等方面有着广泛的应用,各行业的人都能像使用智能手机一样对智能液滴微流控装置进行无障碍操作,改变人类将来的生活方式。

1.5 气动微流控芯片

气动微流控芯片在结构设计、封装工艺、集成化水平、试剂分析精度等方面比其他驱动类型的微流控芯片均有重要突破,主要表现为:由简单的片层结构封装成多层芯片;制备工艺简单,集成化加工容易实现;芯片上的操作单元体积微小,芯片集成化密度高。Quake 等实现了上千个微阀和几百个反应器在微流控芯片上的大规模集成,密度为上千微阀/cm²,成为微流控芯片领域一项重要的技术突破。接着,Araci 等提出气动微流控芯片超大规模集成,密度为 100 万微阀/cm²。大规模集成气动微流控芯片实物图如图 1.14 所示,用于提取信使核糖核酸和研究微生物菌群生成。

图 1.14　大规模集成气动微流控芯片实物图

　　近几年,气动微流控芯片在生物和化学分析中得到了越来越多的成功应用。斯坦福大学的 C. C. Lee 等利用气动微流控芯片实现了 DNA 分析过程中的针对性操作、收集产物等功能,同时将 DNA 分析过程中亚磷酰酸的实际用量减小至 250 nL(分析 100 pmol 多聚核苷酸序列)。S. R. Bates 等利用气动微流控芯片对细胞的表面化学过程进行控制,捕获相互作用的生物分子。Angela Wu 等设计了一个包含 46 个气压微阀和 4 个并行染色质免疫沉淀分析模块的气动微流控芯片,大大减少了分析所需的细胞数量。Quake 等将气动微流控芯片应用于全过程自动化、高通量人类间充质干细胞的培养,研究了短期刺激对细胞增殖和细胞中碱性磷酸酶活性的影响(图 1.15)。图 1.16 所示为生物分析与检测微流控芯片,在该芯片内部可以实现多种生物样品的分析与检测试验研究。

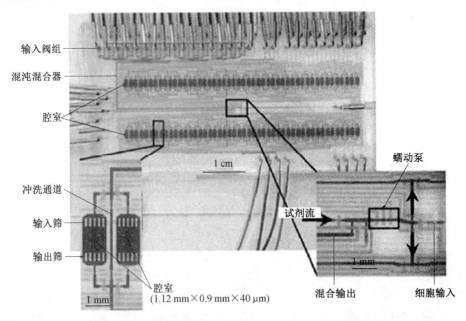

图 1.15　全自动连续培养人类间充质干细胞的微流控芯片

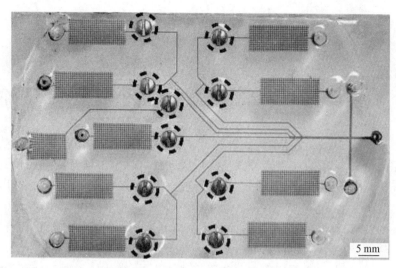

图 1.16　生物分析与检测微流控芯片

　　中国科学院大连化学物理研究所的林炳承和秦建华等利用高度集成化的气动微流控芯片作为载体,实现了对液滴生成、液滴尺寸变化、液滴组成和不同液滴融合等过程的精确控制。北京大学的席建忠、黄岩谊等在气动微流控芯片上通过电化学方法对快速酶的动力学特性进行了测量试验。可见,气动微流控芯片技术能够更好地完成和实现医疗、化学和生物分析过程中的各种功能和任务。

　　基于液滴微流控系统搭建芯片实验室,在芯片实验室内部可以将生物和化学等领域中所涉及的样品制备、生物与化学反应、分离检测等基本操作单位集成于一块几平方厘米的芯片上,从而完成不同的生物或化学反应过程,并对其产物进行分析。液滴微流控技术是液滴微流控系统驱动与控制的重要技术,应用此技术制作的液滴微流控系统是当前芯片实验室发展的重要基础。液滴微流控系统具有体积小,消耗样品和试剂少,分析速度快的优点,可进行多通道样品处理和高通量分析,并在线实现样品的预处理及分析全过程,因此自产生以来就得到了迅速发展。同时,随着材料科学、微纳米加工技术和微电子学的进步,液滴微流控系统已在化学、材料、生物和医学等多个科学领域开展重要的基础理论与应用研究。

第 2 章

液滴微流控系统基础理论

液滴微流控系统是微流控系统的重要组成部分,涉及流体力学、材料、生物、医学、化学和系统控制等多个学科。其中,提高液滴形成的稳定性与液滴尺寸的精度是目前液滴微流控系统研究的重点和难点,对于液滴微流控系统在交叉学科领域的应用具有重要意义。

注射泵是液滴微流控系统最常用的流量调节元件,其结构简单、价格便宜。但是,用注射泵调节流量存在诸多缺点,其流量调节精度低、流量动态响应速度慢。为了提高液滴尺寸的控制精度,本书需要采用压力驱动调节液体流量,搭建压力驱动液滴微流控系统,该系统主要包括压力驱动装置、PDMS 微流道和液滴形成,为研究液滴微流控系统的动态特性,需要分析各个部分的动态特性。本章介绍液滴微流控系统的组成和工作原理,并建立压力驱动装置、液滴形成及 PDMS 微流道的数学模型。

本书采用压力驱动方式实现液滴微流控系统的流量供给与调节。压力驱动调节两相液体的流量需要采用压缩空气作为动力源,由压缩空气挤压密闭容器中的液体给液滴微流控系统提供流量,并通过改变驱动压力调节液滴微流控系统的液体流量。采用压力驱动调节液体的流量需要选取压力调节元件,设计压力驱动装置,并将压力驱动装置与液滴形成装置连接为一体,组成压力驱动液滴微流控系统。

压力驱动液滴微流控系统的工作原理图如图 2.1 所示,该系统主要由压力驱动装置和液滴形成装置组成。其中,压力驱动装置由压缩空气、减压阀、比例阀、压力表、密闭容器以及连接管路等组成,其工作原理为:压缩空气经过压力驱动装置进入密闭容器,通过调节压力驱动装置的设定压力可以改变密闭容器内的气体压力,该气体压力即为微流体流量调节装置的驱动压力。与用注射泵调节流量相比,采用压力驱动调节液体流量,流量的调节精度更高,响应速度更快。因此,采用压力驱动调节液体流量可以提高液滴微流控

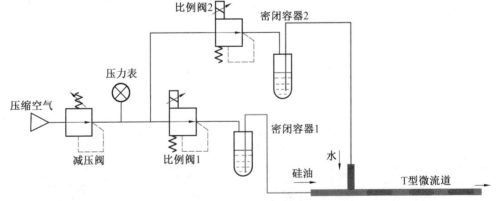

图 2.1　压力驱动液滴微流控系统的工作原理图

系统液滴形成的稳定性和尺寸的精度，并能快速调节液滴尺寸，在微流道中得到不同体积的微小液滴。

本书根据压力驱动液滴微流控系统的组成和工作原理，为了研究液滴形成过程、液滴尺寸的变化规律以及液滴微流控系统的动态调节特性，需要分别建立压力驱动装置、液滴形成以及 PDMS 微流道的数学模型。

2.1　压力驱动装置的数学模型

采用压力驱动调节液体流量需要设计压力驱动装置，压力驱动装置的工作原理图如图 2.2 所示。为了研究压力驱动装置的动态调节特性，首先需要建立压力驱动装置的数学模型，同时通过仿真分析与试验测试得到该装置实际调节压力的动态响应速度、超调量及稳态误差等动态特性参数。对于液滴微流控系统，微流体流量调节装置与 PDMS 微流道之间通常采用聚四氟乙烯（PTFE）管连接，与 PDMS 微流道相比，PTFE 管的弹性较小，其变形量可以忽略。试验中，采用水作为工作液体，通过控制和改变气体驱动压力调节进入微流道的液体流量。为了精确控制气体驱动压力，选取比例阀作为压力调节元件，比例阀的厂家和型号为：德国 FESTO 公司，MPPE$-3-1/8-2-010$。其压力调节范围为 $0 \sim 2.0$ bar（1 bar$=0.1$ MPa），压力调节精度为满量程的 0.2%。

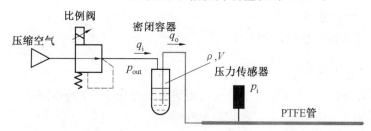

图 2.2　压力驱动装置的工作原理图

图 2.2 中，压缩空气经过精密减压阀调节压力后进入比例阀，由比例阀控制密闭容器的充气和排气，进一步调节气体压力，即为微流体流量调节装置的驱动压力。其中，PTFE 管一端与密闭容器连接，另一端与大气相通。

对于压力驱动装置的密闭容器，根据气体质量守恒定律，流入和流出密闭容器的气体质量流量之差即为密闭容器内气体质量随时间的变化率，具体表示为

$$q_i - q_o = \frac{\mathrm{d}m}{\mathrm{d}t} = \frac{\mathrm{d}}{\mathrm{d}t}(\rho V) \tag{2.1}$$

式中　q_i——流入密闭容器的气体质量流量（kg/s）；

q_o——流出密闭容器的气体质量流量（kg/s）；

ρ——气体密度（kg/m^3）；

V——密闭容器体积（m^3）。

对于本书中的压力驱动装置，流入密闭容器的气体质量流量 q_i 即为比例阀的气体质量流量，流出密闭容器的气体质量流量为 $q_o = 0$。同时，有 $\frac{\mathrm{d}}{\mathrm{d}t}(\rho V) = \rho \frac{\mathrm{d}V}{\mathrm{d}t} + V \frac{\mathrm{d}\rho}{\mathrm{d}t}$，于是，式

(2.1)可进一步表示为

$$q_i = \rho \frac{dV}{dt} + V \frac{d\rho}{dt} \tag{2.2}$$

其中,密闭容器中的气体体积随时间的变化率与流出容器的液体流量相同,即为 PTFE 管的液体流量,其大小为

$$\frac{dV}{dt} = \frac{\pi d^4}{128\mu L} p_i \tag{2.3}$$

式中　　p_i——实际驱动压力(Pa);

　　　　μ——液体黏度(Pa·s);

　　　　L——PTFE 管的长度(m)。

对于压力驱动装置,采用氮气作为压缩气体,可近似为理想气体,由理想气体的状态方程有

$$p_i = \rho R T \tag{2.4}$$

式中　　R——气体常数(J/(mol·K));

　　　　T——气体温度(K)。

将式(2.3)和式(2.4)代入式(2.2),整理后可得

$$q_i(t) = \frac{k_1 p_0}{R T_0} p_i(t) + \frac{V_0}{R T_0} \frac{d p_i(t)}{dt} \tag{2.5}$$

式中　　p_0——气体初始压力;

　　　　T_0——气体初始温度;

　　　　k_1——流量压力系数,$k_1 = \dfrac{\pi d^4}{128\mu L}$。

对于比例阀,输出的气体质量流量 q_i 与设定驱动压力 p_{out} 呈线性关系,可表示为

$$q_i(t) = k_2 p_{out}(t) \tag{2.6}$$

将式(2.6)代入式(2.5),经整理后可得

$$p_{out}(t) = \frac{k_1 p_0}{k_2 R T_0} p_i(t) + \frac{V_0}{k_2 R T_0} \frac{d p_i(t)}{dt} \tag{2.7}$$

上式两端同时进行拉普拉斯变换可以建立密闭容器的实际驱动压力与比例阀的设定驱动压力之间的传递函数:

$$\frac{p_i(s)}{p_{out}(s)} = \frac{K_0}{\tau_0 s + 1} \tag{2.8}$$

式中　　K_0——一阶传递函数的增益系数;

　　　　τ_0——一阶传递函数的时间常数。

其中,τ_0、K_0 分别为

$$\begin{cases} \tau_0 = \dfrac{V_0}{k_1 p_0} \\ K_0 = \dfrac{k_2 R T_0}{k_1 p_0} \end{cases} \tag{2.9}$$

由上述关系可知,对于本书中的压力驱动装置,实际驱动压力 p_i 与设定驱动压力 p_{out} 之间的动态数学模型可以简化为一阶传递函数,根据该一阶传递函数可以对压力驱动装

置的动态调节性能进行仿真分析。

2.2　液滴形成的数学模型

本书采用 T 型微流道搭建液滴微流控系统。其中,w_c 为连续相微流道的宽度,w_d 为离散相微流道的宽度,h 为微流道的高度。T 型微流道中,为了建立液滴形成的数学模型,需要根据两相液体的压力、流量等参数对液滴进行受力分析,液滴形成过程中的受力分析示意图如图 2.3 所示。其中,Q_d 为离散相液体的流量,Q_c 为连续相液体的流量,Q_o 为出口流量。

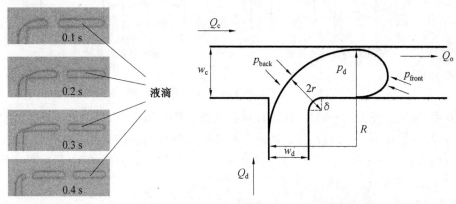

图 2.3　液滴形成过程中的受力分析示意图

对于液滴微流控系统,由于微流道中液体流量小、流动速度慢,液体流动雷诺数变化范围通常为 $0.01 \leqslant Re \leqslant 1.0$。此时,液体为层流流动状态,两相液体的表面张力主要由毛细管数 C_a 决定。毛细管数是影响液滴形成状态的重要参数,具体定义为

$$C_a = \frac{\mu_c v_c}{\gamma} \tag{2.10}$$

式中　μ_c——连续相液体的黏度(Pa·s);

　　　v_c——连续相液体的流速(m/s);

　　　γ——连续相与离散相液体的界面强度(N/m)。

液滴形成过程中,两相液体之间存在两种作用力:剪切力和表面张力。对于 T 型微流道液滴形成装置,当毛细管数较小时($C_a \leqslant 0.1$),两相液体的表面张力在液滴形成过程中占主导地位,此时离散相液体能填充整个微流道截面,然后通过连续相液体的挤压作用在微流道中脱落形成单个液滴,液滴形成为挤压状态。该液滴形成状态十分稳定,液滴尺寸完全取决于两相液体的流量比,因此,合理选取两相液体的流量比可以精确控制液滴尺寸。此外,当毛细管数较大时($C_a > 0.1$),液滴形成为滴落或者喷射状态,这两种状态对应的液滴形成规律比较复杂,液滴尺寸与两相液体的流量比、黏度比以及两相液体的界面强度等因素均相关。此时,液滴形成状态不稳定,液滴尺寸与两相液体的流量比为非线性关系,液滴尺寸难以精确控制。因此,本书主要研究小毛细管数时,液滴能够稳定形成时液滴尺寸的变化规律。

2.2.1　液滴形成的静态模型

T 型微流道中,毛细管数较小时($C_a \leqslant 0.1$),液滴形成过程可以分为两个阶段:填充阶段与挤压脱落阶段,两个阶段紧密相连,如图 2.4 所示。

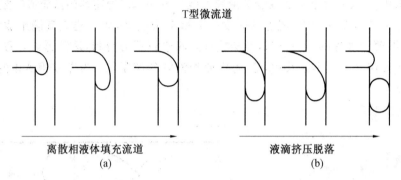

图 2.4　液滴形成过程的两个阶段:填充阶段和挤压脱落阶段

其中,填充阶段为第一阶段,该阶段离散相液体填充微流道,直至完全堵塞微流道截面;挤压脱落阶段为第二阶段,该阶段离散相液体被连续相液体挤压脱落形成单个液滴。本书分别分析这两个阶段的液体流动特性并计算每个阶段的液滴体积,最后得到液滴的总体积 V_{drop},即为

$$V_{drop} = V_{fill} + V_{squeeze} \tag{2.11}$$

式中　V_{fill}——填充阶段的液滴体积(m^3);

　　　$V_{squeeze}$——挤压脱落阶段的液滴体积(m^3)。

T 型微流道中,在两相液体汇合形成液滴的局部区域,连续相和离散相液体的体积可分别表示为

$$\begin{cases} V_c = hA + 2\left(\dfrac{h}{2}\right)^2\left(1 - \dfrac{\pi}{4}\right)c \\ V_d = hA - 2\left(\dfrac{h}{2}\right)^2\left(1 - \dfrac{\pi}{4}\right)c \end{cases} \tag{2.12}$$

式中　V_c——连续相液体的体积(m^3);

　　　V_d——离散相液体的体积(m^3);

　　　h——微流道的高度(m);

　　　A——连续相或离散相液体的表面积(m^2);

　　　c——连续相与离散相液体的接触长度(m)。

在液滴形成的第一阶段,离散相液体填充微流道,当离散相液体刚好堵塞微流道时,第一阶段结束。下面分两种情况:(1) $w_d < w_c$,此时液滴所处的状态如图 2.5(a)所示;(2) $w_d \geqslant w_c$,此时液滴所处的状态如图 2.6(a)所示。

当 $w_d < w_c$ 时,由图 2.5(a)可知 $R_{fill} = w_c$,同时得到 $A_{fill} = \dfrac{3\pi}{8}w_c^2$,$c_{fill} = \pi w_c$。由此可计算出填充过程液滴的体积大小为

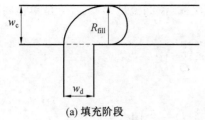

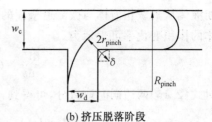

(a) 填充阶段   (b) 挤压脱落阶段

图 2.5 $w_d < w_c$ 时 T 型微流道中的液滴状态

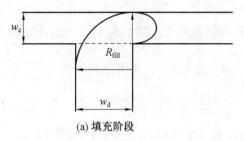

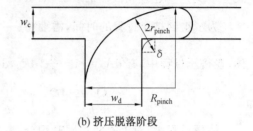

(a) 填充阶段   (b) 挤压脱落阶段

图 2.6 $w_d \geqslant w_c$ 时 T 型微流道中的液滴状态

$$V_{fill} = \left[\frac{3\pi}{8} - \frac{\pi}{2} \left(1 - \frac{\pi}{4} \right) \frac{h}{w_c} \right] w_c^2 h \tag{2.13}$$

当 $w_d \geqslant w_c$ 时,由图 2.6(a)可知 $R_{fill} = w_d$,同时计算得到 $A_{fill} = \frac{w_d^2}{2} \left[(\theta - 1) + \frac{w_c}{w_d} \right] + \frac{\pi}{8} w_c^2$, $c_{fill} = \theta w_d + \frac{\pi}{2} w_c$。由此可计算出填充过程液滴的体积大小为

$$V_{fill} = \frac{w_d^2 h}{2} \left[(\theta - 1) + \frac{w_c}{w_d} \right] + \frac{\pi}{8} w_c^2 h - \frac{w_c h^2}{2} \left(1 - \frac{\pi}{4} \right) \left(\theta \frac{w_d}{w_c} + \frac{\pi}{2} \right) \tag{2.14}$$

式中 w_c——连续相微流道的宽度(m);

      w_d——离散相微流道的宽度(m)。

式(2.14)中,$\theta = \arccos \left(1 - \frac{w_c}{w_d} \right)$。于是,由液体流量连续性可知,液滴填充阶段经历的时间 $t_{fill} = \frac{V_{fill}}{Q_d}$。

在液滴形成的第二阶段,连续相液体挤压离散相液体,最后离散相液体脱落形成液滴。下面分两种情况:(1) $w_d < w_c$ 时,该阶段的最终状态如图 2.5(b)所示;(2) $w_d \geqslant w_c$ 时,该阶段的最终状态如图 2.6(b)所示。

假定该过程所需的时间为 $t_{squeeze}$,离散相液体的流量与流动时间的乘积即为挤压过程的液滴体积大小,并建立与两相液体的流量比的关系:

$$V_{squeeze} = Q_d t_{squeeze} = \beta w_c^2 h \frac{Q_d}{Q_c} \tag{2.15}$$

式中 β——比例系数;

      Q_d——离散相液体流量(m³/s);

      Q_c——连续相液体流量(m³/s)。

挤压过程中,随着连续相液体的不断流入,连续相液体的体积也在增加。这里考虑有连续相液体从离散相液体与微流道壁面的间隙泄漏,泄漏流量为 Q_{out},于是单位时间连续相液体的体积变化率可表示为

$$\frac{dV_c}{dt}=Q_c\left(1-\frac{Q_{out}}{Q_c}\right) \tag{2.16}$$

对式(2.16)两边同时取微分,可得到

$$dV_c=h dA_c+2\left(\frac{h}{2}\right)^2\left(1-\frac{\pi}{4}\right)dc \tag{2.17}$$

式中　A_c——连续相液体的表面积(m^2)。

为了得到挤压过程的时间,需要将 $\frac{dV_c}{dt}$ 与 R 随时间的变化结合起来。对于连续相液体,在挤压过程中,有 $dA_c=\left(1-\frac{\pi}{4}\right)dR^2$,$dc=\frac{\pi}{2}dR$,代入式(2.16)并整理可得

$$\frac{Q_c}{w_c^2 h}\left(1-\frac{Q_{out}}{Q_c}\right)=\frac{1}{w_c^2}\left(1-\frac{\pi}{4}\right)\left(2R+\frac{\pi}{4}h\right)\frac{dR}{dt} \tag{2.18}$$

挤压过程中,对上式两边同时积分,考虑到初始时刻 $R=R_{fill}$,液滴刚好脱落时刻 $R=R_{pinch}$,可得到挤压过程的时间 $t_{squeeze}$ 为

$$t_{squeeze}=\frac{w_c^2 h}{Q_c}\left(1-\frac{\pi}{4}\right)\left(1-\frac{Q_{out}}{Q_c}\right)^{-1}\left[\left(\frac{R_{pinch}}{w_c}\right)^2-\left(\frac{R_{fill}}{w_c}\right)^2+\frac{\pi}{4}\frac{h}{w_c}\left(\frac{R_{pinch}}{w_c}-\frac{R_{fill}}{w_c}\right)\right] \tag{2.19}$$

将式(2.19)代入式(2.15),可得到比例系数 β 的表达式为

$$\beta=\left(1-\frac{\pi}{4}\right)\left(1-\frac{Q_{out}}{Q_c}\right)^{-1}\left[\left(\frac{R_{pinch}}{w_c}\right)^2-\left(\frac{R_{fill}}{w_c}\right)^2+\frac{\pi}{4}\frac{h}{w_c}\left(\frac{R_{pinch}}{w_c}-\frac{R_{fill}}{w_c}\right)\right] \tag{2.20}$$

由前面的推导可知 $R_{fill}=w_c(w_d<w_c)$,$R_{fill}=w_d(w_d\geqslant w_c)$。下面需要求解 R_{pinch}。考虑两相液体的界面张力,根据拉普拉斯压差计算理论,可分别求解液滴内部压力与连续相液体上游、下游压力的差值为

$$\begin{cases}p_d-p_{back}=\gamma\left(\dfrac{1}{r}+\dfrac{1}{R}\right) \\[2mm] p_d-p_{front}=2\gamma\left(\dfrac{1}{w}+\dfrac{1}{h}\right)\end{cases} \tag{2.21}$$

式中　p_d——液滴内部压力(Pa);

　　　p_{back}——连续相液体上游压力(Pa);

　　　p_{front}——连续相液体下游压力(Pa)。

对于单个液滴,液滴内部压力保持不变,在液滴脱落瞬间,连续相液体上游与下游压力相等,即 $p_{back}=p_{front}$,结合式(2.21),考虑到 $R\gg r$,可得到 r_{pinch} 的近似表达式为

$$r_{pinch}=\frac{1}{2}\frac{h w_c}{h+w_c} \tag{2.22}$$

根据图2.3,由几何结构可知

$$2r-\delta=R-\sqrt{(R-w_c)^2+(R-w_d)^2} \tag{2.23}$$

将式(2.22)代入式(2.23),可得到 R_{pinch} 的表达式为

$$R_{pinch}=w_c+w_d+\delta-\frac{h w_c}{h+w_c}+\left[2\left(w_c+\delta-\frac{h w_c}{h+w_c}\right)\left(w_d+\delta-\frac{h w_c}{h+w_c}\right)\right]^{\frac{1}{2}} \tag{2.24}$$

式中 δ——微流道的圆角半径(m)。

本书对液滴体积进行无量纲化处理,建立液滴体积与两相液体的流量比之间的关系。基于液滴形成过程分析,将式(2.11)两端同时除以 $w_c^2 h$,对液滴体积无量纲化处理可得

$$\frac{V_{drop}}{w_c^2 h} = \frac{V_{fill}}{w_c^2 h} + \beta \frac{Q_d}{Q_c} \tag{2.25}$$

在液滴形成过程中,直接测量液滴体积比较困难,可以通过测量液滴长度间接得到液滴体积。T 型微流道中液滴的二维平面图如图 2.7 所示。

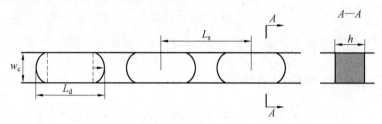

图 2.7 T 型微流道中液滴的二维平面图

由液滴长度、微流道宽度与高度可以得到液滴体积的近似表达式为

$$V_{drop} = \left[L_d w_c - \left(1 - \frac{\pi}{4}\right) w_c^2 \right] h \tag{2.26}$$

结合式(2.25),并整理后可得

$$\frac{L_d}{w_c} = 1 - \frac{\pi}{4} + \frac{V_{fill}}{w_c^2 h} + \beta \frac{Q_d}{Q_c} \tag{2.27}$$

于是,无量纲液滴长度与液体的流量比之间的关系可简化为

$$\frac{L_d}{w_c} = \alpha + \beta \frac{Q_d}{Q_c} \tag{2.28}$$

式中 $\frac{L_d}{w_c}$——无量纲液滴长度;

$\frac{Q_d}{Q_c}$——离散相与连续相液体的流量比。

当 $w_d < w_c$ 时,将式(2.13)、式(2.20)代入式(2.27),可以得到 α 和 β 的表达式为

$$\begin{cases} \alpha = 1 + \dfrac{\pi}{8} - \dfrac{\pi}{2}\left(1 - \dfrac{\pi}{4}\right)\dfrac{h}{w_c} \\ \beta = \left(1 - \dfrac{\pi}{4}\right)\left(1 - \dfrac{Q_{out}}{Q_c}\right)^{-1}\left[\left(\dfrac{R_{pinch}}{w_c}\right)^2 - \left(\dfrac{R_{fill}}{w_c}\right)^2 + \dfrac{\pi}{4}\dfrac{h}{w_c}\left(\dfrac{R_{pinch}}{w_c} - \dfrac{R_{fill}}{w_c}\right)\right] \end{cases} \tag{2.29}$$

当 $w_d \geqslant w_c$ 时,将式(2.14)、式(2.20)代入式(2.27),可以得到 α 和 β 的表达式为

$$\begin{cases} \alpha = 1 - \dfrac{\pi}{8} + \dfrac{1}{2}\left(\dfrac{w_d}{w_c}\right)^2\left[(\theta-1) + \dfrac{w_c}{w_d}\right] - \dfrac{1}{2}\dfrac{h}{w_c}\left(1 - \dfrac{\pi}{4}\right)\left(\theta\dfrac{w_d}{w_c} + \dfrac{\pi}{2}\right) \\ \beta = \left(1 - \dfrac{\pi}{4}\right)\left(1 - \dfrac{Q_{out}}{Q_c}\right)^{-1}\left[\left(\dfrac{R_{pinch}}{w_c}\right)^2 - \left(\dfrac{R_{fill}}{w_c}\right)^2 + \dfrac{\pi}{4}\dfrac{h}{w_c}\left(\dfrac{R_{pinch}}{w_c} - \dfrac{R_{fill}}{w_c}\right)\right] \end{cases} \tag{2.30}$$

由以上推导可知,当毛细管数较小时($C_a \leqslant 0.1$),T 型微流道中液滴长度与两相液体的流量比为线性关系,该线性关系的系数由微流道的结构参数决定,与两相液体的黏度、界面强度等参数无关。T 型微流道中,液滴形成稳定时,连续相液体泄漏流量与连续相液

体流量之比可近似为常数,$Q_{out}/Q_c \approx 0.1$。

此外,对于液滴微流控系统,在液滴形成过程中,液滴间隙 L_s 也会随着两相液体的流量比变化,相邻液滴之间的间隙如图 2.7 所示。通过分析液滴形成过程可以得到 T 型微流道中液滴间隙与两相液体的流量比之间的关系。同样的,对液滴间隙进行无量纲处理,其表达式为

$$\frac{L_s}{w_c} = \frac{1 + \dfrac{Q_d}{Q_c}}{\alpha \dfrac{Q_c}{Q_d} + \beta} \tag{2.31}$$

由上式可知,T 型微流道中,液滴间隙与液体的流量比为非线性关系。

2.2.2 液滴形成的瞬态模型

液滴形成过程中,由式(2.21)可知,液滴的形成与脱落会引起微流道局部的压力脉动,其脉动频率与液滴形成速度保持一致。对于液滴微流控系统,由于液滴形成速度较快,因此,由液滴形成引起的压力脉动为高频脉动。通过试验测试,该压力脉动幅值达到千帕数量级。同时,当液滴形成速度一定时,连续相液体下游压力恒定不变,其大小为 p_{front}。针对液滴形成的两个阶段(填充阶段和挤压脱落阶段)分别讨论连续相液体上游压力随时间的变化,并建立上游压力脉动的数学模型。

图 2.8 为液滴形成过程压力分布图。对于填充阶段,初始时刻对应的连续相液体上游与下游压力相等,即 $p_{back} = p_{front}$。随着离散相液体填充微流道,微流道局部过流面积减小,引起连续相液体上游压力不断增大。当离散相液体完全堵塞微流道截面时,填充阶段结束。离散相液体填充过程中,定义 $R_f(t)$ 为离散相液体填充过程的曲率半径,考虑两相液体的界面张力,根据拉普拉斯压差计算理论,可分别求解液滴内部压力与连续相液体上游、下游压力的差值:

$$\begin{cases} p_d - p_{back} = \gamma \left(\dfrac{1}{R_f(t)} + \dfrac{2}{R_f(t)} \right) \\ p_d - p_{front} = 2\gamma \left(\dfrac{1}{R_f(t)} + \dfrac{1}{h} \right) \end{cases} \tag{2.32}$$

式中 $R_f(t)$——离散相液体填充过程的曲率半径(m)。

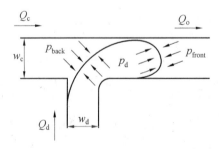

图 2.8 液滴形成过程压力分布图

由此可以得到连续相液体上游与下游压力的差值为

$$p_{\text{back}} - p_{\text{front}} = \gamma \left(\frac{2}{h} - \frac{1}{R_{\text{f}}(t)} \right) \tag{2.33}$$

由式(2.13)可以得到填充阶段液滴体积随时间的变化,即

$$V_{\text{f}}(t) = \left[\frac{3\pi}{8} - \frac{\pi}{2} \left(1 - \frac{\pi}{4} \right) \frac{h}{R_{\text{f}}(t)} \right] R_{\text{f}}^2(t) h \tag{2.34}$$

同时,由液体流量连续性可知 $V_{\text{f}}(t) = Q_{\text{d}}t$,将其代入式(2.34),整理后可得

$$3\pi h R_{\text{f}}^2(t) - \pi(4-\pi) h^2 R_{\text{f}}(t) - 8 Q_{\text{d}}t = 0 \tag{2.35}$$

求解上述二次方程可以得到 $R_{\text{f}}(t)$ 表达式,即

$$R_{\text{f}}(t) = \frac{\pi(4-\pi)h^2 + \sqrt{\pi^2(4-\pi)^2 h^4 + 96\pi h Q_{\text{d}}t}}{6\pi h} \tag{2.36}$$

根据 T 型微流道的结构参数,$R_{\text{f}}(t)$ 可近似为 $\dfrac{2\sqrt{6\pi h Q_{\text{d}}t}}{3\pi h}$。液滴形成过程中,当液滴形成速度一定时,连续相液体下游压力恒定不变,其中,当 $R_{\text{f}} \leqslant \dfrac{h}{2}$ 时,连续相液体上游与下游压力保持一致;当 $\dfrac{h}{2} < R_{\text{f}} \leqslant R_{\text{fill}}$ 时,由 $R_{\text{f}}(t)$ 表达式可以得到随时间变化的上游压力为

$$p_{\text{back}}(t) = p_{\text{front}} + \gamma \left(\frac{2}{h} - \frac{1}{R_{\text{f}}(t)} \right) \tag{2.37}$$

填充阶段结束时,由液滴形成过程分析可知 $R_{\text{f}}(t) = R_{\text{fill}} = w_{\text{c}}$, $V_{\text{fill}} \approx \dfrac{3\pi}{8} w_{\text{c}}^2 h$。于是,可以得到填充阶段经历的时间为

$$t_{\text{fill}} = \frac{3\pi}{8 Q_{\text{d}}} w_{\text{c}}^2 h \tag{2.38}$$

同时,离散相液体完全堵塞微流道截面,连续相液体上游压力达到最大值,即

$$p_{\text{back}} = p_{\text{front}} + \gamma \left(\frac{2}{h} - \frac{1}{w_{\text{c}}} \right)$$

对于挤压脱落阶段,液滴形成过程中,当离散相液体完全堵塞微流道截面时,考虑两相液体的界面张力,由式(2.21)可以得到连续相液体上游与下游压力差,即

$$p_{\text{back}} - p_{\text{front}} = \gamma \left(\frac{2}{w_{\text{c}}} + \frac{2}{h} - \frac{1}{r} - \frac{1}{R} \right) \tag{2.39}$$

式中 r——小曲率半径(m);

R——大曲率半径(m)。

挤压脱落过程中,离散相液体被连续相液体挤压脱落形成单个液滴,随着连续相液体的挤压不断加剧,连续相液体上游压力不断减小。挤压脱落阶段开始时刻,由式(2.39)可以计算连续相液体上游压力的最大值,即

$$p_{\text{back}} = p_{\text{front}} + \gamma \left(\frac{2}{w_{\text{c}}} + \frac{2}{h} - \frac{1}{r_0} - \frac{1}{R_0} \right) \tag{2.40}$$

其中,$R_0 = w_{\text{c}}$,$r_0 = \dfrac{1}{2} w_{\text{d}}$,将其代入式(2.40),并考虑 $w_{\text{d}} = w_{\text{c}}$,可得连续相液体上游压力的最大值为

$$p_{\text{back}} = p_{\text{front}} + \gamma\left(\frac{2}{h} - \frac{1}{w_c}\right)$$

与填充阶段结束时刻的计算结果保持一致。同时,为了得到连续相液体上游压力随时间的变化,需要计算随时间变化的曲率半径 $R(t)$、$r(t)$。由式(2.19)可以在 t 时刻建立关于 $R(t)$ 的二次方程:

$$R^2(t) + \frac{\pi}{4}hR(t) - R_0\left(R_0 + \frac{\pi}{4}h\right) - 4.25\frac{Q_c t}{h} = 0 \tag{2.41}$$

求解上式可以得到随时间变化的曲率半径 $R(t)$,其表达式为

$$R(t) = \frac{-\frac{\pi}{4}h + \sqrt{\left(\frac{\pi}{4}h\right)^2 + R_0(4R_0 + \pi h) + 17\frac{Q_c t}{h}}}{2} \tag{2.42}$$

根据式(2.23)可以得到随时间变化的曲率半径 $r(t)$,其表达式为

$$r(t) = \frac{1}{2}\left[\delta + R(t) - \sqrt{(R(t) - w_c)^2 + (R(t) - w_d)^2}\right] \tag{2.43}$$

将 $R(t)$、$r(t)$ 表达式代入式(2.39)可以得到连续相液体上游压力随时间的变化为

$$p_{\text{back}}(t) = p_{\text{front}} + \gamma\left(\frac{2}{w_c} + \frac{2}{h} - \frac{1}{r(t)} - \frac{1}{R(t)}\right) \tag{2.44}$$

本书不考虑 T 型微流道的圆角半径,取 $\delta = 0$,当挤压脱落阶段结束时,对应的大、小曲率半径分别为

$$\begin{cases} R_{\text{pinch}} = w_c + w_d - \frac{hw_c}{h+w_c} + \left[2\left(w_c - \frac{hw_c}{h+w_c}\right)\left(w_d - \frac{hw_c}{h+w_c}\right)\right]^{\frac{1}{2}} \\ r_{\text{pinch}} = \frac{1}{2}\frac{hw_c}{h+w_c} \end{cases} \tag{2.45}$$

将其代入式(2.44)得到液滴完全脱落时,连续相液体上游与下游压力相等,$p_{\text{back}} = p_{\text{front}}$。于是,在整个液滴形成过程中,连续相液体上游压力随时间发生周期性变化。本书定义 Δp_{drop} 为液滴形成过程中,连续相液体上游压力的最大脉动幅值,即

$$\Delta p_{\text{drop}} = \gamma\left(\frac{2}{w_c} + \frac{2}{h} - \frac{1}{r_0} - \frac{1}{R_0}\right) \tag{2.46}$$

由上式可知,液滴形成过程中,连续相液体上游压力的最大脉动幅值取决于微流道的结构参数与两相液体的界面强度,与两相液体的驱动压力、液滴形成的速度及液滴尺寸等因素无关。

2.2.3 液滴尺寸的不一致性

根据液滴长度和液滴间隙的数学表达式,令两相液体的流量比为 $\lambda = Q_d/Q_c$,于是液滴长度和液滴间隙可进一步表示为

$$\begin{cases} \dfrac{L_d}{w_c} = \alpha + \beta\lambda \\ \dfrac{L_s}{w_c} = \dfrac{1+\lambda}{\dfrac{\alpha}{\lambda} + \beta} \end{cases} \tag{2.47}$$

假定两相液体的流量比存在特定误差 $\Delta\lambda$，代入式(2.47)可以计算液滴长度和液滴间隙的相对误差大小为

$$\begin{cases} \dfrac{\Delta L_d}{L_d} = \dfrac{\beta}{\alpha + \beta\lambda} \Delta\lambda \\[4mm] \dfrac{\Delta L_s}{L_s} = \dfrac{-\dfrac{\alpha}{\lambda^2} + \beta}{(1+\lambda)\left(\dfrac{\alpha}{\lambda} + \beta\right)} \Delta\lambda \end{cases} \tag{2.48}$$

在液滴微流控系统中，考虑外界扰动引起系统流量变化。假定连续相液体流量 Q_c 恒定不变，离散相液体流量 Q_d 存在周期性变化，流量平均值为 Q_{da}，流量均方差为 Q_{rms}，流量具体可表示为 $Q_d(t) = Q_{da} + c_0 Q_{rms} f_T(t)$，其中 $f_T(t)$ 为周期函数。因此，两相液体的流量比存在周期性变化，令流量比平均值为 $\lambda = Q_{da}/Q_c$。

根据液滴长度表达式，考虑离散相液体流量存在周期性脉动，可以得到液滴长度的平均值 L_{da} 和均方差 L_{rms}，其表达式分别为

$$\begin{cases} L_{da} = (\alpha + \beta\lambda) w_c \\[3mm] L_{rms} = \beta w_c \lambda \dfrac{Q_{rms}}{Q_{da}} \end{cases} \tag{2.49}$$

将 L_{rms} 除以 L_{da} 可以建立液滴长度变化幅值与外界流量变化幅值的关系，两者近似相等，即

$$\frac{L_{rms}}{L_{da}} \approx \frac{Q_{rms}}{Q_{da}} \tag{2.50}$$

式中 $\dfrac{L_{rms}}{L_{da}}$——液滴长度变化幅值；

$\dfrac{Q_{rms}}{Q_{da}}$——外界流量变化幅值。

本书定义液滴长度变化幅值 L_{rms}/L_{da} 为液滴尺寸的不一致性，由式(2.50)可知，对于特定尺寸的 T 型微流道，液滴尺寸不一致性的大小与外界流量变化幅值近似相等。对于液滴微流控系统，液滴尺寸的不一致性越大，不同液滴尺寸的差别越大，系统的稳定性越差；液滴尺寸的不一致性越小，不同液滴尺寸的差别越小，系统的稳定性越好。

由以上分析可知，液滴微流控系统中，当外界扰动引起系统流量变化时，会引起液滴尺寸变化，液滴尺寸具有不一致性，且液滴尺寸不一致性的大小与外界流量变化幅值近似相等。因此，通过测量液滴长度随时间的变化可以间接获得外界流量变化幅值。

2.3   PDMS 微流道的数学模型

在液滴微流控系统中，通常采用 PDMS 材料制作微流道，由于 PDMS 微流道具有弹性，当液体经过微流道时，液体压力会引起 PDMS 微流道弹性变形。目前，矩形截面是 PDMS 微流道最常用的截面形状。本书针对 T 型液滴形成装置，选取交汇处的前段流道，建立 PDMS 微流道的动态模型，微流道宽度、高度、长度分别为 w、h_0、l，PDMS 微流道的结构尺寸如图 2.9 所示。

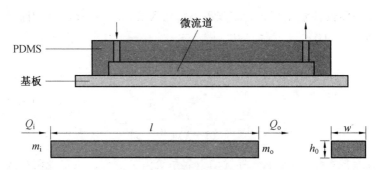

图 2.9 PDMS 微流道的结构尺寸

对于给定的 PDMS 微流道,PDMS 材料的弹性模量约为 10^6 Pa,而液体的体积弹性模量达到 10^9 Pa,因此,建立 PDMS 微流道的数学模型时,不考虑液体的可压缩性。由液体质量守恒定律可知,单位时间内流入与流出该段微流道的液体质量差等于该段微流道容腔内液体质量随时间的变化率,具体可表示为

$$m_i - m_o = \frac{dm}{dt} = \rho_1 \frac{dV_1}{dt} \tag{2.51}$$

式中 m_i——单位时间内流入微流道的液体质量(kg/s);

m_o——单位时间内流出微流道的液体质量(kg/s);

m——微流道封闭容腔的液体质量(kg);

V_1——微流道封闭容腔的体积(m^3);

ρ_1——液体密度(kg/m^3)。

由于液体不可压缩,将液体质量流量转换为液体体积流量,式(2.51)可简化为

$$Q_i - Q_o = \frac{dV_1}{dt} \tag{2.52}$$

式中 Q_i——微流道入口体积流量(m^3/s);

Q_o——微流道出口体积流量(m^3/s)。

由于 PDMS 材料具有弹性,当液体流经 PDMS 微流道时会引起微流道变形,其变形后的截面如图 2.10 所示。对于 PDMS 微流道,当 $w \gg h$ 时,其截面变形主要发生在高度方向,变形量为

$$\Delta h = \alpha \frac{w p_c}{E} \tag{2.53}$$

式中 α——无量纲的变形系数;

p_c——微流道的局部压力(Pa);

E——PDMS 材料的弹性模量(Pa);

w——微流道的宽度(m)。

式(2.53)中,变形系数 α 主要由 PDMS 微流道的厚度决定,PDMS 越薄,变形系数 α 越大,变形量 Δh 越大。由于 PDMS 微流道产生变形,引起微流道封闭容腔的体积随时间发生变化。

微流道的入口流量由注射泵决定,微流道的出口流量由液体流动状态确定。在微流道中,由于液体流速较慢,通常为层流流动。由层流流动理论可知,液体流量与微流道两

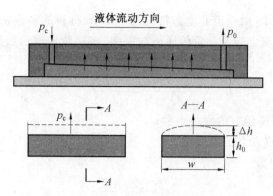

图 2.10　PDMS 微流道截面变形示意图

端压差之间具有线性关系，于是考虑矩形截面的微流道在高度方向的变形，其出口流量可表示为

$$Q_o = \frac{wh_0^3}{12\mu l}\left(1 + \frac{\Delta h}{h_0}\right)^3 \Delta p \tag{2.54}$$

式中　h_0——微流道的初始高度（m）；

　　　l——微流道的长度（m）；

　　　Δp——微流道两端的压差（Pa）。

由于 $\Delta h \ll h_0$，微流道的出口流量可简化为

$$Q_o = \frac{wh_0^3}{12\mu l}\Delta p \tag{2.55}$$

对于矩形截面的微流道，微流道封闭容腔的液体体积为 $V_1 = wl(h_0 + \Delta h)$，结合式（2.53），液体体积随时间的变化可表示为

$$\frac{\mathrm{d}V_1}{\mathrm{d}t} = \frac{\alpha w^2 l}{E}\frac{\mathrm{d}p_c}{\mathrm{d}t} \tag{2.56}$$

将式（2.55）和式（2.56）代入式（2.52），同时考虑 $\Delta h \ll h_0$，微流道的入口流量可表示为

$$Q_i = \frac{\alpha w^2 l}{E}\frac{\mathrm{d}p_c}{\mathrm{d}t} + \frac{wh_0^3}{12\mu l}\Delta p \tag{2.57}$$

假定微流道的出口存在一定背压，背压大小为一常数 p_0，于是微流道两端的压差可表示为

$$\Delta p = p_c - p_0 \tag{2.58}$$

上式两端同时对时间求导数，可得

$$\frac{\mathrm{d}p_c}{\mathrm{d}t} = \frac{\mathrm{d}\Delta p}{\mathrm{d}t} \tag{2.59}$$

将式（2.59）代入式（2.57），得到微流道入口流量与微流道两端压差的函数：

$$Q_i = \frac{\alpha w^2 l}{E}\frac{\mathrm{d}\Delta p}{\mathrm{d}t} + \frac{wh_0^3}{12\mu l}\Delta p \tag{2.60}$$

由上述关系，可以建立微流道两端压差与微流道入口流量的传递函数模型：

$$\frac{\Delta p(s)}{Q_i(s)} = \frac{1}{\dfrac{\alpha w^2 l}{E}s + \dfrac{wh_0^3}{12\mu l}} \tag{2.61}$$

　　由上式可知,PDMS 微流道的动态特性与 PDMS 材料的弹性密切相关,微流道两端压差与微流道入口流量之间为一阶传递函数模型,该一阶传递函数模型的标准形式可以表示为

$$\frac{\Delta p(s)}{Q_i(s)} = \frac{K_1}{\tau_1 s + 1} \qquad (2.62)$$

式中　K_1——一阶传递函数的增益系数;

　　　　τ_1——一阶传递函数的时间常数。

　　其中,τ_1、K_1 分别为

$$\begin{cases} \tau_1 = \dfrac{12\alpha\mu wl^2}{Eh_0^3} \\ K_1 = \dfrac{12\mu l}{wh_0^3} \end{cases} \qquad (2.63)$$

　　根据该一阶传递函数,可以分析微流道的结构参数、PDMS 的弹性模量等对微流道动态调节性能的影响。

　　本章主要围绕液滴微流控系统,分析了液滴微流控系统的组成与工作原理,并重点介绍了液滴微流控系统的驱动方式。针对液滴微流控系统的各个组成部分,分别建立了压力驱动装置、液滴形成与 PDMS 微流道的数学模型,为后续研究液滴微流控系统的动态调节特性提供了理论基础。通过介绍液滴微流控系统的组成与工作原理,可以明确系统的整体结构、功能及其实现方式。分析液滴形成过程,建立了液滴形成的静态与瞬态数学模型,得到液滴形成过程引起的压力脉动变化规律,以及液滴尺寸不一致性的大小与外界流量变化幅值的关系。同时,考虑 PDMS 材料弹性,得到了微流道两端压差与微流道入口流量的一阶传递函数模型。

第 3 章

液滴形成规律

液滴微流控系统中,外界流量不稳定、微流道压力脉动以及微流道结构尺寸差异等均会引起微流道中液滴尺寸的变化,使得不同液滴尺寸存在差别。T 型微流道中,给定两相液体的流量比,对应的液滴尺寸的不一致性定义为不同液滴长度的均方差与液滴长度平均值之比 L_{rms}/L_{da}。

本章基于液滴形成的数学模型,通过分析液滴形成瞬态过程,进行液滴形成规律和液滴形成过程压力脉动的仿真分析。仿真分析中,针对不同结构参数的 T 型微流道,由液滴形成过程数学公式计算液滴尺寸和微流道压力脉动,未采用计算机软件进行数值模拟。同时,考虑液滴微流控系统存在外界干扰,分析外界流量变化和液滴形成过程引起的液滴尺寸变化,进行液滴尺寸变化的仿真分析。仿真分析中,分别采用泵驱动和压力驱动调节系统流量,分析外界流量变化和液滴形成过程引起的液滴尺寸变化及其对液滴尺寸的不一致性的影响。同时,根据 PDMS 微流道数学模型,由于外界扰动引起流量变化,当流量变化幅值一定时,选取不同的微流道结构参数、液体黏度、PDMS 弹性,仿真分析微流道压力随时间的变化规律,得到微流道尺寸、液体黏度、PDMS 弹性等对压力脉动幅值的影响。

3.1　液滴尺寸仿真分析

根据液滴形成的数学模型,选取不同结构参数的 T 型微流道,给定两相液体的流量比,仿真分析液滴尺寸随两相液体的流量比的变化。同时,考虑外界流量存在不稳定性,引起液滴尺寸变化的规律。

3.1.1　液滴尺寸静态仿真分析

对于 T 型微流道,分析液滴形成过程,毛细管数较小时($C_a \leqslant 0.1$),液滴长度与两相液体的流量比之间具有线性关系:

$$\frac{L_d}{w_c} = \alpha + \beta \frac{Q_d}{Q_c} \tag{3.1}$$

式中　α、β——线性系数,取决于微流道的结构参数,与两相液体的黏度、界面强度等参数无关。

T 型微流道中,为研究微流道宽度对液滴形成规律的影响,给定连续相微流道宽度 $w_c = 100~\mu m$,微流道高度 $h = 50~\mu m$,选取不同的离散相微流道宽度 w_d 分别为 $25~\mu m$、$50~\mu m$、$75~\mu m$ 和 $100~\mu m$。不同微流道宽度对应的线性系数 α 和 β 的数值见表 3.1。

表 3.1　不同微流道宽度对应的线性系数 α 和 β 的数值

w_d/w_c	α	β
0.25	0.26	1.35
0.5	0.31	1.52
0.75	0.37	1.74
1.0	0.43	1.99

　　T 型微流道中,保持连续相液体流量恒定,即 $Q_c=0.1\ \text{mL/min}$,离散相液体流量 Q_d 的变化范围为 $0.05\sim0.2\ \text{mL/min}$,对应的两相液体的流量比的范围为 $0.5{\leqslant}Q_d/Q_c{\leqslant}2.0$。由表 3.1 中的系数值可以得到不同微流道宽度对应液滴长度随两相液体的流量比变化的曲线,如图 3.1 所示。由仿真结果可知,液滴长度与两相液体的流量比呈线性关系,当流量比一定时,离散相微流道的宽度越大,液滴长度越大。因此,通过增大离散相微流道宽度可以增大液滴长度的变化范围,得到较大尺寸的离散液滴。

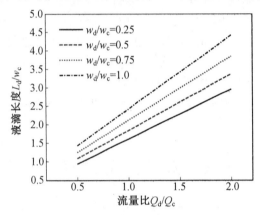

图 3.1　不同微流道宽度对应液滴长度随两相液体的流量比变化的曲线

　　此外,为研究微流道高度对液滴形成规律的影响,给定连续相微流道宽度 $w_c=100\ \mu\text{m}$,离散相微流道宽度 $w_d=50\ \mu\text{m}$,选取不同的微流道高度 h 分别为 $20\ \mu\text{m}$、$30\ \mu\text{m}$、$40\ \mu\text{m}$、$50\ \mu\text{m}$。不同微流道高度对应的线性系数 α 和 β 的数值见表 3.2。

表 3.2　不同微流道高度对应的线性系数 α 和 β 的数值

h/w_c	α	β
0.2	0.42	1.98
0.3	0.36	1.82
0.4	0.29	1.65
0.5	0.24	1.47

　　同样的,选取两相液体的流量比的范围为 $0.5{\leqslant}Q_d/Q_c{\leqslant}2.0$。由表 3.2 中的系数值可以得到不同微流道高度对应的液滴长度随两相液体的流量比变化的曲线,如图 3.2 所示。由仿真结果可知,液滴长度与两相液体的流量比呈线性关系,当流量比一定时,随着

离散相微流道的高度增大,液滴长度减小。同时,与微流道宽度相比,微流道高度对液滴
尺寸的影响较小。在后续的试验研究中,本书主要考虑不同的微流道宽度对液滴形成规
律的影响。

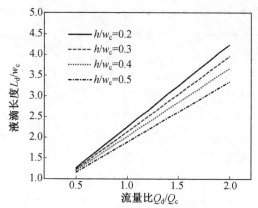

图 3.2　不同微流道高度对应的液滴长度随两相液体的流量比变化的曲线

3.1.2　液滴尺寸变化仿真分析

本书提出的电检测闭环液滴微流控系统采用压力驱动调节系统流量,压力驱动装置
的动态调节速度和精度会影响液滴尺寸的控制精度。同时,当压力驱动装置受到外界扰
动,导致驱动压力不稳定以及两相液体的流量比突变时,会引起液滴尺寸的变化。因此,
根据压力驱动装置的数学模型和液滴形成的瞬态数学模型分析液滴尺寸的动态调节特
性,可以得到存在外界扰动时液滴尺寸的变化规律。

本书采用 T 型微流道,选取 T 型微流道结构尺寸:$w_d = w_c = 100\ \mu m$, $h = 50\ \mu m$。液
滴形成过程中,由液滴形成的瞬态数学模型可以得到液滴曲率半径 R_{pinch} 的动态变化。同
时,根据液滴形成填充阶段和挤压脱落阶段对应的时间,由式(2.19)和式(2.38)可以计算
液滴形成速度 $f_d = \dfrac{1}{t_{squeeze} + t_{fill}}$。

选取两相液体的流量比 Q_d/Q_c 分别为 0.5、0.8 和 1.0,可以得到不同的液滴形成速
度 f_d 分别约为 5 s^{-1}、10 s^{-1} 和 20 s^{-1}。同时,计算不同液滴形成速度下液滴形成过程的
液滴曲率半径 R_{pinch} 分别为 180 μm、230 μm 和 280 μm,并得到液滴形成过程中液滴曲率
半径随时间的动态变化曲线,如图 3.3(a)所示。同时,由压力驱动装置的数学模型,根据
式(2.62)可以得到压力驱动装置的一阶传递函数 $G(s) = \dfrac{K_0}{\tau_0 s + 1}$。选取密闭容器体积
$V_0 = 10$ mL,可以计算时间常数 $\tau_0 = 0.4$ s。考虑压力驱动装置的动态特性,假定驱动压
力的变化引起两相液体的流量比改变,得到不同变化幅值对应液滴长度随时间的动态变
化曲线,如图 3.3(b)所示。

比较图中结果可知,由于压力驱动装置受到外界扰动,两相液体的流量比会发生改变
并引起液滴尺寸的变化。其中,对于给定的两相液体的流量比,分析液滴形成瞬态过程,
液滴尺寸达到稳定状态所需要的时间约为 0.1 s。同时,考虑压力驱动装置的动态特性,
当外界扰动引起两相液体的流量比变化时,液滴尺寸达到稳定状态所需要的时间约为

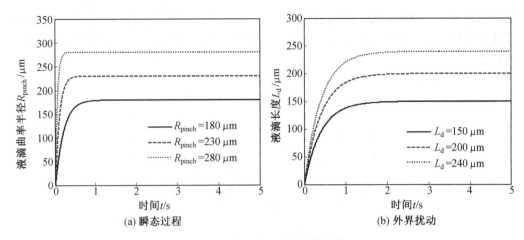

(a) 瞬态过程　　　　　　　　　　　(b) 外界扰动

图 3.3　液滴尺寸的动态变化曲线

2.0 s。因此,对于液滴微流控系统,液滴尺寸的动态变化过程主要取决于压力驱动装置的动态调节特性,液滴形成瞬态过程对液滴尺寸的动态特性的影响可以忽略。后续研究中,主要通过分析液滴微流控系统的动态特性,得到液滴尺寸闭环调节的动态响应速度和控制精度。

为研究 T 型微流道中液滴尺寸的变化规律,本书选取两种不同结构参数的 T 型微流道。其中,T 型微流道 1 的结构尺寸:$w_d = 100~\mu m$,$w_c = h = 50~\mu m$。仿真时,对于压力驱动装置,假定连续相液体驱动压力恒定,离散相液体驱动压力由比例阀调节,外界扰动改变比例阀输入电压 U_i,引起离散相液体驱动压力变化,使两相液体的流量比增大。其中,比例阀输入电压初始值为 U_0,输入电压变化幅值 $\Delta(U_i/U_0)$ 分别为 0.15 和 0.30。根据液滴形成的数学模型可以得到比例阀输入电压突变时,T 型微流道 1 中不同扰动脉冲幅值对应的液滴长度随时间的变化曲线,如图 3.4 所示。由仿真结果可知,外界扰动引起比例阀输入电压改变,使微流道中液滴尺寸发生变化,同时,考虑压力驱动装置的动态特性,液滴尺寸需要经历动态过程才能达到稳定值。因此,由外界扰动引起的两相液体的流量比变化会影响液滴形成的稳定性,扰动时间越长,对液滴尺寸的控制精度的影响越大。

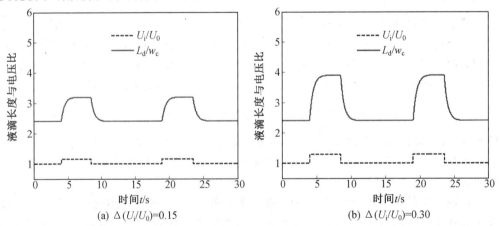

(a) $\Delta(U_i/U_0) = 0.15$　　　　　　　　(b) $\Delta(U_i/U_0) = 0.30$

图 3.4　T 型微流道 1 中不同扰动脉冲幅值对应的液滴长度随时间变化的曲线

同样的,选取 T 型微流道 2 的结构尺寸:$w_d = w_c = 100~\mu m$,$h = 50~\mu m$。仿真时,对于

压力驱动装置,外界扰动改变比例阀输入电压 U_i,引起离散相液体驱动压力变化,使两相液体的流量比增大。其中,比例阀输入电压初始值为 U_0,输入电压变化幅值 $\Delta(U_i/U_0)$ 分别为 0.15 和 0.30。根据液滴形成的数学模型可以得到比例阀输入电压突变时,T 型微流道 2 中不同扰动脉冲幅值对应的液滴长度随时间的变化曲线,如图 3.5 所示。由仿真结果可知,外界扰动引起比例阀输入电压改变,使微流道中液滴尺寸发生变化,且液滴尺寸需要经历动态过程才能达到稳定值。当外界扰动幅值一定时,与 T 型微流道 1 相比,T 型微流道 2 中液滴尺寸的变化幅值更大。

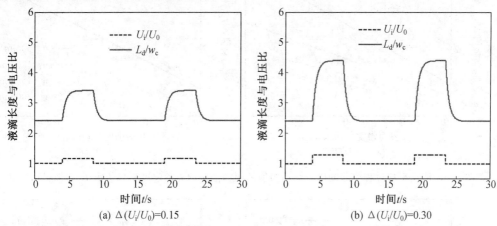

(a) $\Delta(U_i/U_0)=0.15$ (b) $\Delta(U_i/U_0)=0.30$

图 3.5 T 型微流道 2 中不同扰动脉冲幅值对应的液滴长度随时间变化的曲线

由上述仿真结果可知,对于压力驱动液滴微流控系统,外界扰动会引起液滴尺寸变化。考虑压力驱动装置的动态特性,液滴尺寸需要经历动态过程才能达到稳定值,其中,液滴尺寸变化幅值与外界扰动幅值、微流道的结构参数等有关。因此,在后续研究中,需要采用液滴尺寸闭环调节抑制外界扰动引起的液滴尺寸变化,提高液滴尺寸的控制精度。

3.2 液滴形成过程压力脉动仿真分析

基于液滴形成的数学模型,由式(2.46)可知,当微流道宽度 $w_d=w_c$ 时,液滴形成过程引起的压力脉动幅值 Δp_{drop} 可表示为

$$\Delta p_{drop}=\gamma\left(\frac{2}{h}-\frac{1}{w_c}\right) \tag{3.2}$$

选取微流道宽度 $w_c=100~\mu m$,微流道高度 h 分别为 $20~\mu m$、$30~\mu m$、$40~\mu m$ 和 $50~\mu m$,可以得到不同高度微流道中液滴形成过程引起的压力脉动幅值随两相液体的界面强度变化的曲线,如图 3.6(a)所示。同时,选取微流道高度 $h=20~\mu m$,微流道宽度 w_c 分别为 $50~\mu m$、$100~\mu m$、$150~\mu m$ 和 $200~\mu m$,可以得到不同宽度微流道中液滴形成过程引起的压力脉动幅值随两相液体的界面强度变化的曲线,如图 3.6(b)所示。由仿真结果可知,当微流道的结构参数一定时,压力脉动幅值随界面强度的增大而线性增大。

同样的,选取两相液体的界面强度 $\gamma=40~mN/m$,微流道宽度 w_c 分别为 $50~\mu m$、$100~\mu m$、$150~\mu m$ 和 $200~\mu m$,可以得到不同宽度微流道中液滴形成过程引起的压力脉动幅值随微流道高度变化的曲线,如图 3.7(a)所示。同时,选取微流道宽度 $w_c=100~\mu m$,

两相液体的界面强度 γ 分别为 20 mN/m、30 mN/m、40 mN/m 和 50 mN/m,可以得到不同界面强度微流道中液滴形成过程引起的压力脉动幅值随微流道高度变化的曲线,如图 3.7(b)所示。由仿真结果可知,当微流道宽度和两相液体的界面强度一定时,压力脉动幅值随微流道高度的增大而减小,两者为非线性关系。

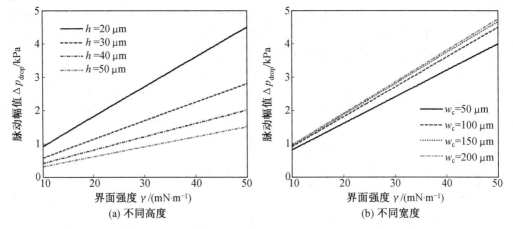

图 3.6　液滴形成过程引起的压力脉动幅值随两相液体的界面强度变化的曲线(彩图见附录)

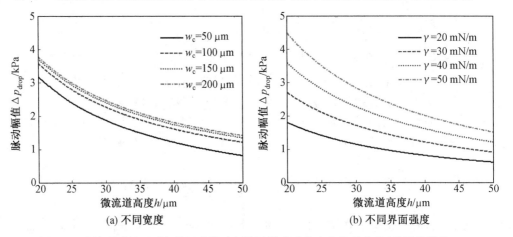

图 3.7　液滴形成过程引起的压力脉动幅值随微流道高度变化的曲线(彩图见附录)

　　同样的,选取两相液体的界面强度 $\gamma = 40$ mN/m,微流道高度 h 分别为 20 μm、30 μm、40 μm 和 50 μm,可以得到不同高度微流道中液滴形成过程引起的压力脉动幅值随微流道宽度变化的曲线,如图 3.8(a)所示。同时,选取微流道高度 $h = 20$ μm,两相液体的界面强度 γ 分别为 20 mN/m、30 mN/m、40 mN/m 和 50 mN/m,可以得到不同界面强度微流道中液滴形成过程引起的压力脉动幅值随微流道宽度变化的曲线,如图 3.8(b)所示。由仿真结果可知,当微流道高度和两相液体的界面强度一定时,压力脉动幅值随微流道宽度的增大而增大,且幅值变化较小。

　　因此,液滴形成过程中,液滴的形成与脱落会引起微流道局部的压力脉动,其变化频率与液滴形成速度保持一致。仿真时,选取不同的压力脉动幅值 Δp_{drop} 分别为 1.8 kPa、2.5 kPa 和 3.6 kPa,液滴形成速度 f_d 分别为 5 s^{-1}、10 s^{-1} 和 20 s^{-1},液滴形成过程中,连续相液体上游与下游的压差为 $\Delta p_{back} = p_{back} - p_{front}$,根据压力脉动幅值和液滴形成速度可

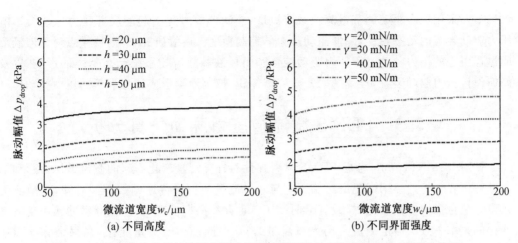

图 3.8　液滴形成过程引起的压力脉动幅值随微流道宽度变化的曲线(彩图见附录)

以得到液滴形成过程中上下游压差 Δp_{back} 随时间变化的曲线,如图 3.9 所示。由仿真结果可知,每个液滴形成周期中,上游压力开始上升,当离散相液体完全填充微流道时,达到最大值;之后,上游压力开始下降,当离散相液体被剪断形成液滴时,上游与下游压力相等,上游压力回到初始值。

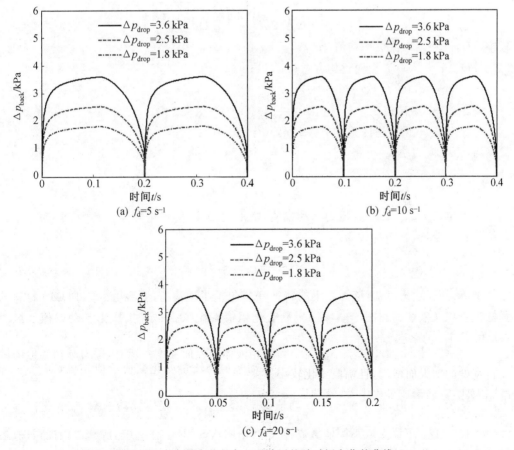

图 3.9　液滴形成过程中上下游压差随时间变化的曲线

本书采用压力驱动调节微流控系统流量,液滴形成过程引起的局部压力脉动会影响压力驱动装置的动态特性,降低驱动压力的控制精度。后续研究中,需要重点讨论液滴形成过程引起的压力脉动对于压力驱动装置和闭环液滴微流控系统动态特性的影响,以及如何设计压力驱动装置,合理选取密闭容器体积,抑制液滴形成过程引起的压力脉动。

3.3　PDMS 微流道压力脉动仿真分析

针对 PDMS 微流道,考虑 PDMS 材料弹性对外界流量变化引起的微流道压力脉动幅值进行仿真分析。根据微流道两端压差与入口流量的一阶传递函数模型可知,当微流道入口流量存在周期性变化时,微流道两端压差也存在周期性变化,压差脉动的频率与流量变化的频率一致。假定微流道的入口流量 Q_i 存在周期性的流量变化,在每个脉动周期中,入口流量平均值为 Q_{ia},流量脉动频率为 f_i,流量变化均方差为 Q_{rms}。由式(2.61)可以计算每个脉动周期中微流道两端压差的平均值和均方差,分别表示为

$$\begin{cases} \Delta p_a = \dfrac{12\mu l}{w h_0^3} Q_{ia} \\[3mm] \Delta p_{rms} = \dfrac{Q_{rms}}{\sqrt{\left(\dfrac{w h_0^3}{12\mu l}\right)^2 + \left(\dfrac{2\pi\alpha w^2 l}{E}\right)^2 f_i^2}} \end{cases} \tag{3.3}$$

式中　Q_{ia}——入口流量平均值($\mathrm{m^3/s}$);

　　　Q_{rms}——入口流量变化均方差($\mathrm{m^3/s}$);

　　　f_i——入口流量脉动频率(Hz);

　　　Δp_a——微流道压差平均值(Pa);

　　　Δp_{rms}——微流道压差均方差(Pa)。

将 Δp_{rms} 除以 Δp_a,可得

$$\frac{\Delta p_{rms}}{\Delta p_a} = \frac{1}{\sqrt{1 + St^2}} \frac{Q_{rms}}{Q_{ia}} \tag{3.4}$$

本书定义 $\Delta p_{rms}/\Delta p_a$ 为压力脉动幅值,Q_{rms}/Q_{ia} 为流量变化幅值。其中,St 为一个无量纲的特征变量,其表达式为

$$St = 24\pi\alpha \frac{w l^2}{h_0^3} \frac{\mu}{E} f_i \tag{3.5}$$

由 St 的表达式可知,该无量纲的特征变量包括了微流道的结构参数、PDMS 材料的弹性模量以及液体的黏度等参数。流量变化幅值 Q_{rms}/Q_{ia} 一定时,压力脉动幅值 $\Delta p_{rms}/\Delta p_a$ 由 St 唯一确定。

由式(3.4)可知,当 $St \leqslant 1.0$ 时,压力脉动幅值与流量变化幅值近似相等,即 $\dfrac{\Delta p_{rms}}{\Delta p_a} \approx \dfrac{Q_{rms}}{Q_{ia}}$。当 $St > 1.0$ 时,假定流量变化幅值 $Q_{rms}/Q_{ia} = 0.01$,流量脉动频率 f_i 变化范围为 $0.01 \sim 1.0$ Hz。下面选取不同的微流道尺寸与 PDMS 弹性,分析压力脉动幅值随着流量脉动频率的变化,得到微流道尺寸与 PDMS 弹性等参数对于压力脉动幅值的影响。

选取三种不同高度的 PDMS 微流道（$h=10\ \mu m$、$20\ \mu m$、$30\ \mu m$），保持 PDMS 弹性、微流道宽度及液体黏度恒定不变（$E=1.0\ MPa$、$w=100\ \mu m$、$\mu_c=1.0\ cP$），由流量压力脉动的数学模型可以得到不同高度 PDMS 微流道对应的压力脉动幅值随流量脉动频率变化的曲线，如图 3.10 所示。仿真中采用对数坐标系可以更好地表达压力脉动幅值与流量脉动频率的数学关系。由仿真结果可知，对于不同高度的 PDMS 微流道，压力脉动幅值随着流量脉动频率的增大而减小。当流量脉动频率一定时，PDMS 微流道的高度越大，压力脉动幅值越大。

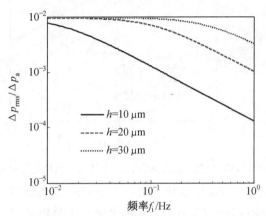

图 3.10　不同高度 PDMS 微流道对应的压力脉动幅值随流量脉动频率变化的曲线

选取三种不同宽度的 PDMS 微流道（$w=50\ \mu m$、$100\ \mu m$、$200\ \mu m$），保持 PDMS 弹性、微流道高度及液体黏度恒定不变（$E=1.0\ MPa$、$h=10\ \mu m$、$\mu_c=1.0\ cP$），由流量压力脉动的数学模型可以得到不同宽度 PDMS 微流道对应的压力脉动幅值随流量脉动频率变化的曲线，如图 3.11 所示。由仿真结果可知，对于不同宽度的 PDMS 微流道，压力脉动幅值随着流量脉动频率的增大而减小。当流量脉动频率一定时，PDMS 微流道的宽度越大，压力脉动幅值越小。

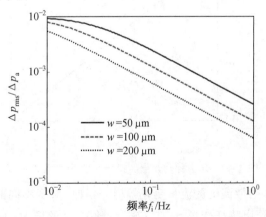

图 3.11　不同宽度 PDMS 微流道对应的压力脉动幅值随流量脉动频率变化的曲线

选取三种不同弹性模量的 PDMS（$E=0.5\ MPa$、$1.0\ MPa$、$2.0\ MPa$），保持微流道宽度、高度及液体黏度恒定不变（$w=100\ \mu m$、$h=10\ \mu m$、$\mu_c=1.0\ cP$），由流量压力脉动的数

学模型可以得到不同弹性 PDMS 材料对应的微流道压力脉动幅值随流量脉动频率变化的曲线,如图 3.12 所示。由仿真结果可知,对于不同弹性 PDMS,压力脉动幅值随着流量脉动频率的增大而减小。当流量脉动频率一定时,PDMS 的弹性模量越大,压力脉动幅值越大。

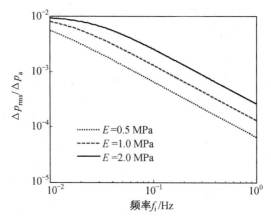

图 3.12　不同弹性 PDMS 材料对应的微流道压力脉动幅值随流量脉动频率变化的曲线

　　由上述仿真结果可知,当流量变化幅值一定时,压力脉动幅值的大小与流量脉动频率、微流道尺寸及 PDMS 弹性等参数相关。本书定义无量纲的特征变量 St,该特征变量能包含流量脉动频率、PDMS 弹性、微流道尺寸及液体黏度等参数对压力脉动幅值的影响。因此,对于特定结构尺寸的 PDMS 微流道,当流量变化幅值一定时,压力脉动幅值 $\Delta p_{rms}/\Delta p_a$ 由特征变量 St 唯一确定,采用对数坐标系可以更好地描述压力脉动幅值随特征变量 St 变化的曲线,如图 3.13 所示,图中虚线表示压力脉动幅值的理论计算结果。

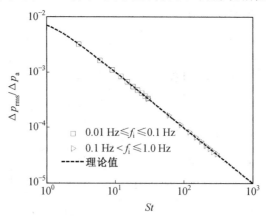

图 3.13　压力脉动幅值随特征变量 St 变化的曲线

　　由仿真结果可知,当微流道的流量变化幅值一定时,对于不同的流量脉动频率 f_i,压力脉动幅值 $\Delta p_{rms}/\Delta p_a$ 由特征变量 St 唯一确定,随着 St 的增大,$\Delta p_{rms}/\Delta p_a$ 减小。于是,对于特定结构的 PDMS 微流道,根据流量脉动频率、PDMS 弹性、微流道尺寸及液体黏度等参数可以计算特征变量 St 的数值,并确定压力脉动幅值。同时,通过选取合适的 PDMS 弹性、微流道尺寸及液体黏度等参数增大特征变量 St 的数值,可以减小 PDMS 微流道的压力脉动幅值,对于外界流量变化引起的微流道压力脉动具有较好的抑制效果。

为了更好地研究液滴尺寸的不一致性,并与仿真结果比较,试验中,对于特定结构尺寸的 T 型微流道,分别采用泵驱动和压力驱动调节系统流量测量液滴尺寸的变化规律。通过分析液滴长度随时间的变化,发现外界流量变化和液滴形成瞬态过程均会引起液滴尺寸随时间发生周期性变化。此外,为了进一步验证 PDMS 微流道流量压力脉动的数学模型,采用注射泵调节液体流量,测试 PDMS 微流道两端的压差随时间变化的曲线并计算压力脉动幅值。为了测试外界流量脉动频率对微流道压力脉动幅值的影响,试验中,选取不同直径的注射器,通过调节注射泵电机的转速来改变流量脉动频率大小,得到压力脉动幅值随流量脉动频率变化的曲线。最后,将试验结果与理论计算结果比较,得到压力脉动幅值随无量纲特征变量 St 变化的曲线。

3.4　液滴尺寸试验测试

本书中,为验证液滴形成规律,采用 T 型微流道结构进行液滴形成的试验测试,T 型微流道形成液滴的原理图如图 3.14 所示。

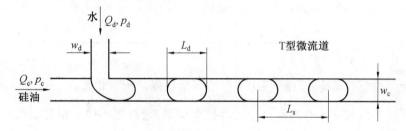

图 3.14　T 型微流道形成液滴的原理图

液滴形成过程中,选取高速相机(Phantom v9.1)采集液滴图像,并经过图像处理获取液滴尺寸,其测量精度与图像拍摄质量、图像像素值及分辨率等因素有关。为了实时拍摄液滴图像,试验中,选取高速相机的采样速度为 1 000 pps(pixel/s),拍摄图像的视场范围为 0.9 mm×0.3 mm。本书采用图像处理方法获取液滴尺寸,其液滴尺寸测量精度与图像像素值密切相关,根据液滴图像像素值和高速相机的视场范围,可以计算液滴尺寸测量精度,见表 3.3。由表 3.3 可知,通过增大液滴图像像素值可以提高液滴尺寸的测量精度。本书选取的图像像素值最大为 1 600,其尺寸测量精度达到 0.5 μm,能够满足液滴尺寸精确测量的要求。

表 3.3　液滴尺寸测量精度

图像像素值	320	640	960	1 280	1 600
尺寸测量精度/μm	2.8	1.4	0.9	0.7	0.5

通过调节连续相和离散相液体的流量,在 T 型微流道可以形成不同尺寸的微小液滴。为了测试 T 型微流道结构尺寸对液滴形成规律的影响,设计两种 T 型微流道结构,分别进行液滴形成试验,两种 T 型微流道的结构参数见表 3.4。

表 3.4　T 型微流道的结构参数

结构参数	$w_c/\mu m$	$w_d/\mu m$	$h/\mu m$
T 型微流道 1	100	50	50
T 型微流道 2	100	100	50

　　试验中,采用注射泵(哈佛仪器 PHD 22/2000 注射泵)作为液滴微流控系统的流量调节装置。同时,选取水作为离散相液体,其黏度为 μ_d;硅油作为连续相液体,其黏度为 μ_c。两相液体的界面强度可以近似为 $\gamma = 40$ mN/m。为了分析液体黏度对液滴尺寸的影响,采用三种不同黏度的硅油,分别进行液滴形成的试验测试,水和硅油的物理属性见表 3.5。

表 3.5　水和硅油的物理属性

性质	密度/(kg · m^{-3})	黏度/cP
水	998	1
硅油 1	950	20
硅油 2	960	100
硅油 3	970	500

　　对于液滴微流控系统,毛细管数 C_a 与液滴形成规律密切相关,$C_a = \dfrac{\mu_c v_c}{\gamma}$。本书为了验证液滴长度与两相液体的流量比的线性数学模型,选取较小的毛细管数($C_a \leqslant 0.1$)测试液滴形成的规律。

3.4.1　液滴尺寸静态试验测试

　　T 型微流道中,保持连续相液体流量恒定,即 $Q_c = 0.01$ mL/min,离散相液体流量 Q_d 的变化范围为 $0.005 \sim 0.02$ mL/min,对应的两相液体的流量比范围为 $0.5 \leqslant Q_d/Q_c \leqslant 2.0$。同时,根据连续相液体的黏度及流动速度可以计算毛细管数,不同黏度的硅油对应的毛细管数见表 3.6。由计算结果可知,对于不同黏度的硅油,在液滴形成过程中均有 $C_a \leqslant 0.1$。

表 3.6　不同黏度的硅油对应的毛细管数

μ_c/cP	C_a
20	0.002
100	0.01
500	0.05

　　为了更好地分析试验结果,对液滴的长度进行无量纲化处理,并定义无量纲的液滴长度为 L_d/w_c。T 型微流道 1 中,硅油的黏度一定,即 $\mu_c = 20$ cP,选取两相液体的流量比

Q_d/Q_c 分别为 0.5、1.0、2.0,可以形成不同长度的微小液滴,T 型微流道 1 中不同两相液体的流量比对应的液滴实物图如图 3.15 所示。随着两相液体的流量比 Q_d/Q_c 的增大,测量微流道中形成液滴的实际长度,并得到 L_d/w_c 随 Q_d/Q_c 变化的曲线,试验中将三种不同黏度的硅油对应的试验结果进行比较,T 型微流道 1 中液滴长度随两相液体的流量比变化的曲线如图 3.16 所示。

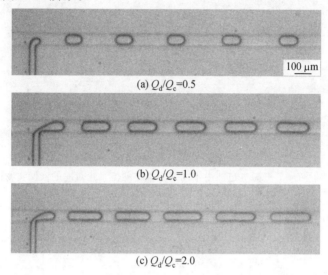

(a) $Q_d/Q_c=0.5$

(b) $Q_d/Q_c=1.0$

(c) $Q_d/Q_c=2.0$

图 3.15 T 型微流道 1 中不同两相液体的流量比对应的液滴实物图

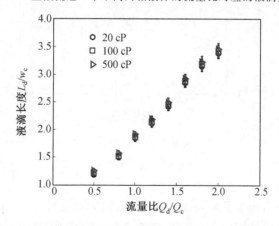

图 3.16 T 型微流道 1 中液滴长度随两相液体的流量比变化的曲线(彩图见附录)

T 型微流道 2 中,硅油的黏度一定,即 $\mu_c=20$ cP,选取两相液体的流量比 Q_d/Q_c 分别为 0.5、1.0、2.0,可以形成不同长度的微小液滴,T 型微流道 2 中不同两相液体的流量比对应的液滴实物图如图 3.17 所示。

随着两相液体的流量比 Q_d/Q_c 的增大,测量微流道中形成液滴的实际长度,并得到 L_d/w_c 随 Q_d/Q_c 变化的曲线,同样的,将三种不同黏度的硅油对应的试验结果比较,T 型微流道 2 中液滴长度随两相液体的流量比变化的曲线如图 3.18 所示。

由试验结果可知,液滴长度 L_d/w_c 与两相液体的流量比 Q_d/Q_c 呈线性关系。当 Q_d/Q_c 一定时,硅油的黏度对液滴尺寸的影响较小,可以忽略,液滴长度 L_d/w_c 与液体的黏度

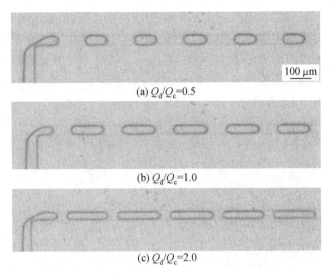

图 3.17　T 型微流道 2 中不同两相液体的流量比对应的液滴实物图

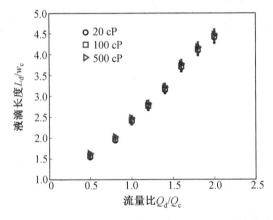

图 3.18　T 型微流道 2 中液滴长度随两相液体的流量比变化的曲线（彩图见附录）

无关。因此,在液滴形成过程中,当毛细管数较小时($C_a \leq 0.1$),液滴长度的测试结果与理论计算值保持一致。

为了研究微流道结构参数对液滴形成规律的影响,试验中,选取硅油黏度为 20 cP,两相液体的流量比变化范围为 $0.5 \leq Q_d/Q_c \leq 2.0$。在 T 型微流道 1 和 2 中,分别形成液滴并测量液滴长度。随着流量比的增大,通过试验测试得到 T 型微流道 1 和 2 中液滴长度 L_d/w_c 随两相液体的流量比 Q_d/Q_c 变化的曲线,如图 3.19 所示。

由试验结果可知,液滴长度 L_d/w_c 与两相液体的流量比 Q_d/Q_c 呈线性关系,不过,该线性关系与 T 型微流道的结构参数有关。同时,对试验结果进行线性拟合,可以得到 L_d/w_c 与 Q_d/Q_c 之间的线性变化曲线,该线性曲线斜率即为液滴尺寸计算公式(2.28)的系数 β。对 T 型微流道 1 和 2,将试验测量得到的试验值 β' 与理论值 β 进行比较,见表 3.7。

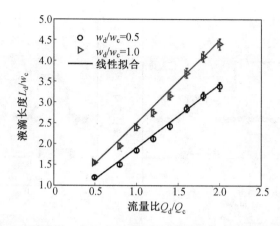

图 3.19 T 型微流道 1 和 2 中液滴长度随两相液体的流量比变化的曲线

表 3.7 两种 T 型微流道结构的试验值 β' 与理论值 β 比较

w_d/w_c	试验值 β'	理论值 β
0.5	1.44	1.52
1.0	1.93	1.99

比较试验值 β' 与理论值 β，两者十分接近，相对误差小于 10%。因此，对于不同结构参数的 T 型微流道，该液滴数学模型能准确描述液滴长度 L_d/w_c 与两相液体的流量比 Q_d/Q_c 的线性关系，毛细管数较小时（$C_a \leqslant 0.1$），该线性关系由 T 型微流道的结构参数决定，与两相液体的黏度无关。

3.4.2 液滴尺寸变化试验测试

本书对于 T 型微流道 1 和 2，分别考虑外界扰动引起的液滴尺寸变化，测试液滴尺寸的变化规律。

选取 T 型微流道 1，对于压力驱动装置，比例阀输入电压初始值为 U_0。由于外界对压力驱动装置的干扰，比例阀实际输入电压为 U_i，因此输入电压变化会引起两相液体的流量比变化。为了与仿真分析比较，试验中，选取输入电压变化幅值 $\Delta(U_i/U_0)$ 分别为 0.15 和 0.30，T 型微流道 1 中不同扰动脉冲幅值对应的液滴长度随时间变化的曲线，如图 3.20 所示。

同样的，选取 T 型微流道 2，考虑外界扰动，比例阀实际输入电压为 U_i，该输入电压变化会改变两相液体的流量比。为了与仿真分析比较，试验中，选取输入电压变化幅值 $\Delta(U_i/U_0)$ 分别为 0.15 和 0.30，T 型微流道 2 中不同扰动脉冲幅值对应的液滴长度随时间变化的曲线，如图 3.21 所示。

比较 T 型微流道 1 和 2 的试验结果可知，外界扰动会引起液滴尺寸变化。考虑压力驱动装置的动态特性，液滴尺寸需要经历动态过程才能达到稳定值，该过程需要的时间约为 $2.0\,\text{s}$，与仿真结果保持一致。当比例阀输入电压变化幅值一定时，与 T 型微流道 1 相比，T 型微流道 2 中液滴尺寸的变化幅值更大。由此可知，液滴形成过程中，当存在外界

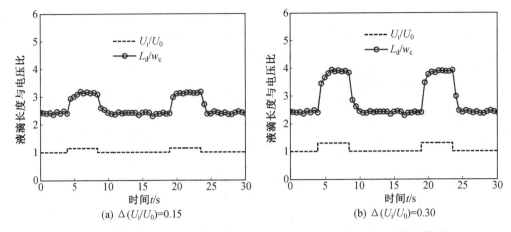

图 3.20　T 型微流道 1 中不同扰动脉冲幅值对应的液滴长度随时间变化的曲线

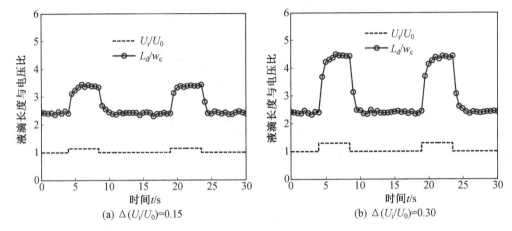

图 3.21　T 型微流道 2 中不同扰动脉冲幅值对应的液滴长度随时间变化的曲线

扰动时,两相液体的流量比改变,并引起微流道中液滴尺寸的变化。其中,液滴尺寸变化幅值与外界扰动幅值、微流道的结构参数等有关,该外界扰动引起的液滴尺寸变化会影响液滴形成的稳定性,降低液滴尺寸的控制精度。

3.5　液滴尺寸的不一致性试验测试

对液滴微流控系统,为形成特定尺寸的微小液滴,需要提高液体流量的精度和稳定性。目前,微流控系统液体流量的调节方式主要有两种:泵驱动和压力驱动。泵驱动通常采用注射泵作为流量调节元件;压力驱动通常采用压缩空气作为动力源,通过压缩空气挤压密闭容器中的液体,给微流控系统输出流量,改变驱动压力可以实现微流控系统的流量调节。本书分别采用泵驱动和压力驱动调节液体流量,测试 T 型微流道中液滴尺寸随时间的变化规律。其中,采用泵驱动调节液体流量,测试液滴微流控系统液滴尺寸变化的原理图如图 3.22(a)所示;采用压力驱动调节液体流量,测试液滴微流控系统液滴尺寸变化的原理图如图 3.22(b)所示。

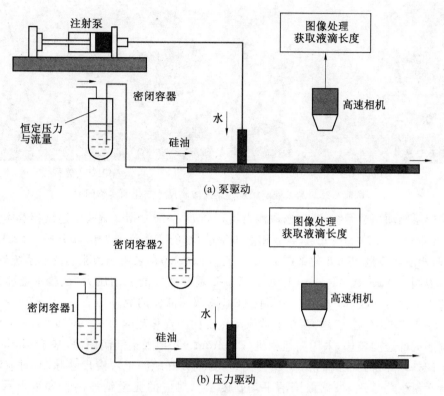

(a) 泵驱动

(b) 压力驱动

图 3.22　测试液滴微流控系统液滴尺寸变化的原理图

为了更好地分析影响液滴尺寸的不一致性的因素,提高液滴尺寸的控制精度,分别采用泵驱动和压力驱动调节系统流量,通过试验测试得到液滴尺寸的变化规律。本书选取水作为离散相液体,硅油作为连续相液体,通过改变两相液体的流量比,在 T 型微流道中形成不同长度的微小液滴。试验中,T 型微流道的结构参数见表 3.8,采用泵驱动测试液滴微流控系统液滴尺寸变化的实物图如图 3.23(a)所示,采用压力驱动测试液滴微流控系统液滴尺寸变化的实物图如图 3.23(b)所示。

表 3.8　T 型微流道的结构参数

$w_c/\mu m$	$w_d/\mu m$	$h/\mu m$
100	50	50

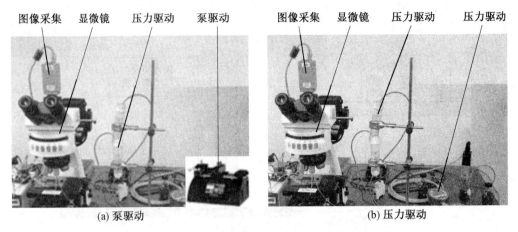

图 3.23　测试液滴微流控系统液滴尺寸变化的实物图

　　采用泵驱动调节系统流量,选取注射器直径 $D = 9.60$ mm,试验中连续相液体流量保持不变,即 $Q_c = 0.01$ mL/min,离散相液体流量 Q_d 的变化范围为 $0.005 \sim 0.02$ mL/min,于是,两相液体流量比的变化范围为 $0.5 \leqslant Q_d/Q_c \leqslant 2.0$。采用压力驱动调节系统流量,由精密压力阀(OMEGA AR91$-$015,$0 \sim 15$ psi)调节液体的驱动压力,试验中连续相液体的驱动压力保持不变,即 $p_c = 90.0 \times 10^3$ Pa,离散相液体的驱动压力 p_d 从 67.5×10^3 Pa 到 77.4×10^3 Pa 变化,于是,两相液体驱动压力比的变化范围为 $0.75 \leqslant p_d/p_c \leqslant 0.86$。由于液滴形成的速度较快,采用高速相机(Phantom v9.1)采集液滴图像,基于 Matlab 进行液滴图像处理并得到液滴的长度 L_d。同时,为了较好地测量液滴尺寸脉动,对液滴的长度进行无量纲化处理,根据液滴的平均长度 L_{da},对应的无量纲液滴长度可表示为 L_d/L_{da}。根据液滴尺寸的数学模型,液滴长度与液体流量比之间存在线性关系。同时,考虑外界流量存在扰动时,液滴长度和液滴间隙均随时间发生周期性变化。本书定义 L_{rms}/L_{da} 为液滴尺寸的不一致性,Q_{rms}/Q_{da} 为液滴流量变化幅值。由液滴尺寸的不一致性的数学模型可以得到液滴尺寸的不一致性与流量变化幅值的关系,两者近似相等,即 $L_{rms}/L_{da} \approx Q_{rms}/Q_{da}$。

　　本书分别采用泵驱动和压力驱动调节系统流量,得到液滴形成速度与液滴尺寸的不一致性的关系。试验中,改变注射泵流量可以得到不同的流量脉动频率 f_i,其变化范围为 $0.002 \sim 0.06$ Hz,同时,改变两相液体的流量比和驱动压力比,可以得到不同的液滴形成速度 f_d,其变化范围为 $20 \sim 110$ s^{-1}。对于两种驱动形式的液滴微流控系统,通过改变两相液体流量比及驱动压力比,可以调节液滴形成速度和液滴尺寸。液滴形成过程实物图如图 3.24 所示,通过图像处理可以得到液滴形成周期中不同时刻对应的液滴长度,液滴长度变化幅值最大约为 5 μm。由于图像处理方法对应的液滴尺寸测量精度达到 0.5 μm,因此,该液滴长度的变化是真实存在的,与液滴形成瞬态过程密切相关,而非采用图像处理方法引入的液滴尺寸测量误差。

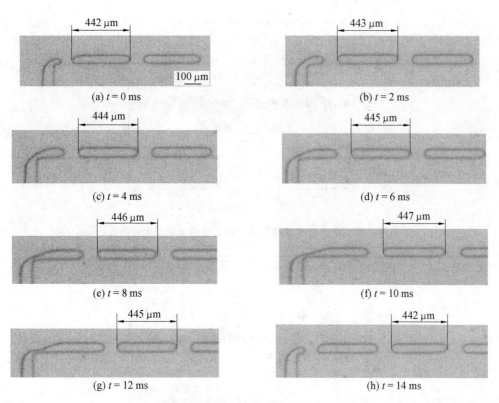

(a) $t = 0$ ms

(b) $t = 2$ ms

(c) $t = 4$ ms

(d) $t = 6$ ms

(e) $t = 8$ ms

(f) $t = 10$ ms

(g) $t = 12$ ms

(h) $t = 14$ ms

图 3.24　液滴形成过程实物图 $(f_d \approx 70 \text{ s}^{-1})$

3.5.1　外界扰动引起的液滴尺寸的不一致性

本书分别采用泵驱动和压力驱动调节系统流量,在 T 型微流道中形成不同尺寸的微小液滴,并由高速相机在线拍摄液滴图像。为较好地捕捉液滴尺寸变化,试验中选取高速相机的采样频率为 10 Hz,其最大存储图片数量约为 9 000 张,对应的最大采样时间约为 900 s。

试验中,选取三种不同液滴形成速度,测试泵驱动和压力驱动调节系统流量液滴长度 L_d/L_{da} 随时间变化的曲线。

图 3.25 中,泵驱动对应的两相液体流量比 Q_d/Q_c 为 0.5,压力驱动对应的两相液体驱动压力比 p_d/p_c 为 0.78,其中,注射泵机械振动周期 T 约为 210 s,两种方式形成液滴的速度 f_d 均约为 37 s^{-1}。

图 3.26 中,泵驱动对应的两相液体流量比 Q_d/Q_c 为 1.0,压力驱动对应的两相液体驱动压力比 p_d/p_c 为 0.81,其中,注射泵机械振动周期 T 约为 93 s,两种方式形成液滴的速度 f_d 均约为 50 s^{-1}。

图 3.27 中,泵驱动对应的两相液体流量比 Q_d/Q_c 为 2.0,压力驱动对应的两相液体驱动压力比 p_d/p_c 为 0.83,其中,注射泵机械振动周期 T 约为 52 s,两种方式形成液滴的速度 f_d 均约为 70 s^{-1}。

由试验结果可知,采用泵驱动调节系统流量,形成液滴的长度随时间发生周期性变

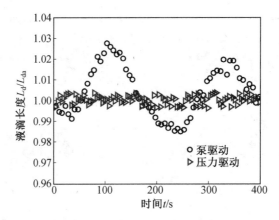

图 3.25　泵驱动和压力驱动调节系统流量液滴长度随时间变化的曲线($f_d \approx 37\ \mathrm{s^{-1}}$)

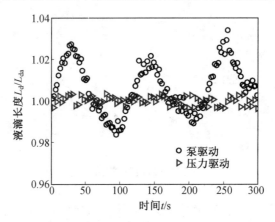

图 3.26　泵驱动和压力驱动调节系统流量液滴长度随时间变化的曲线($f_d \approx 50\ \mathrm{s^{-1}}$)

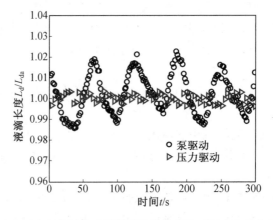

图 3.27　泵驱动和压力驱动调节系统流量液滴长度随时间变化的曲线($f_d \approx 70\ \mathrm{s^{-1}}$)

化,同时,液滴长度变化幅值、频率与注射泵流量有关;采用压力驱动液滴微流控系统,液滴长度随时间的变化较小,同时,液滴长度变化幅值与注射泵流量无关。

为了进一步分析液滴长度变化频率与注射泵机械振动频率之间的关系,试验中,改变离散相液体流量可以得到不同的机械振动频率 f_i,通过测量不同频率下液滴长度随时间

的变化计算液滴长度变化频率 f_p,液滴长度变化频率与注射泵机械振动频率比较如图
3.28所示。由液滴长度变化测试结果可知,采用泵驱动调节系统流量,液滴长度变化频率
与注射泵机械振动频率保持一致;采用压力驱动调节系统流量,液滴长度不存在周期性变
化。因此,注射泵实际工作时,机械振动使得泵源输出流量随时间发生周期性变化,液滴
形成过程中,该流量变化引起液滴长度随时间发生周期性变化。

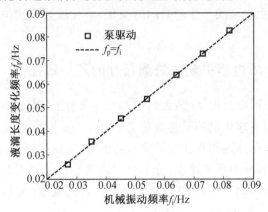

图 3.28　液滴长度变化频率与注射泵机械振动频率比较

　　本书分别采用泵驱动和压力驱动调节系统流量,计算外界流量变化引起的液滴尺寸
不一致性的大小并进行比较。试验中,通过调节两相液体的流量比和驱动压力比可以改
变液滴的形成速度,同时,根据液滴尺寸变化的测试结果计算液滴尺寸的不一致性
L_{rms}/L_{da},得到不同液滴形成速度对应的液滴尺寸不一致性的大小,液滴尺寸的不一致性
随液滴形成速度变化的曲线如图 3.29 所示。

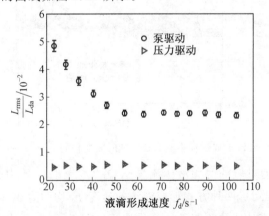

图 3.29　液滴尺寸的不一致性随液滴形成速度变化的曲线

　　由试验结果可知,采用泵驱动调节系统流量,液滴尺寸不一致性的大小随液滴形成速
度的增大而减小,最后趋于稳定,即 $L_{rms}/L_{da} \approx 0.024$。采用压力驱动调节系统流量,液滴
尺寸不一致性的大小随液滴形成速度的变化很小,近似为常数,即 $L_{rms}/L_{da} \approx 0.005$。
　　由于液滴尺寸不一致性的大小与外界流量变化幅值有关,因此当注射泵流量较小时,
液滴形成速度较小,同时,由电机转动引起的机械振动较大,输出流量的变化幅值较大,液
滴尺寸的不一致性变大。当注射泵流量增大时,液滴形成速度变大,同时,注射泵电机工

作更加稳定,输出流量的变化幅值较小,因此,液滴尺寸的不一致性保持稳定。

采用泵驱动调节系统流量,外界流量变化幅值与液滴尺寸的不一致性近似相等,即 $Q_{rms}/Q_{da} \approx L_{rms}/L_{da}$,通过测量液滴尺寸不一致性的大小可以估算外界流量变化幅值。与泵驱动相比,采用压力驱动调节系统流量可以降低液滴尺寸不一致性的大小。由于压力驱动不会引入泵源的流量变化,因此液滴尺寸的不一致性与泵源的流量变化无关。下面,通过分析液滴形成过程中液滴尺寸随时间的变化,研究液滴形成瞬态过程对液滴尺寸的不一致性的影响。

3.5.2　液滴形成过程引起的液滴尺寸的不一致性

试验中,由于液滴形成速度 f_d 最大约为 $100 \ s^{-1}$,为了较好地捕捉液滴形成过程引起的液滴尺寸变化,选取高速相机的采样频率为 1 000 Hz,对应的最大采样时间约为 9 s。在液滴形成过程中,采用高速相机在线采集液滴图像,可以很好地捕捉液滴尺寸变化。

本书给出三种不同液滴形成速度,分别测试液滴形成过程引起的液滴尺寸变化。在液滴形成过程中,分别采用泵驱动和压力驱动调节系统流量,测试液滴长度 L_d/L_{da} 随时间的变化。

图 3.30 中,泵驱动对应的两相液体流量比 Q_d/Q_c 为 0.5,压力驱动对应的两相液体驱动压力比 p_d/p_c 为 0.78,两种方式形成液滴的速度 f_d 均约为 $37 \ s^{-1}$。

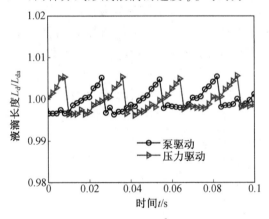

图 3.30　液滴形成过程中液滴长度随时间变化的曲线($f_d \approx 37 \ s^{-1}$)

图 3.31 中,泵驱动对应的两相液体流量比 Q_d/Q_c 为 1.0,压力驱动对应的两相液体驱动压力比 p_d/p_c 为 0.81,两种方式形成液滴的速度 f_d 均约为 $50 \ s^{-1}$。

图 3.32 中,泵驱动对应的两相液体流量比 Q_d/Q_c 为 2.0,压力驱动对应的两相液体驱动压力比 p_d/p_c 为 0.83,两种方式形成液滴的速度 f_d 均约为 $70 \ s^{-1}$。

由试验结果可知,采用泵驱动和压力驱动调节系统流量,在液滴形成过程中,液滴长度均存在周期性变化,且变化频率较高。为了定量分析液滴长度变化频率的大小,对图 3.30 测量结果进行快速傅立叶变换,得到液滴长度变化幅值的频谱图,如图 3.33 所示。同时,对图 3.31 和图 3.32 的测量结果进行快速傅立叶变换,得到液滴长度变化幅值的频谱图,如图 3.34 和图 3.35 所示。

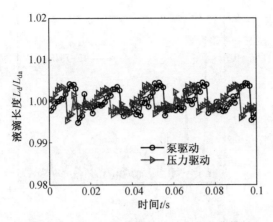

图 3.31　液滴形成过程中液滴长度随时间变化的曲线（$f_d \approx 50\ s^{-1}$）

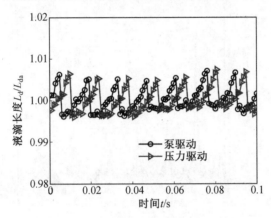

图 3.32　液滴形成过程中液滴长度随时间变化的曲线（$f_d \approx 70\ s^{-1}$）

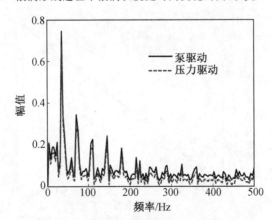

图 3.33　液滴长度变化幅值的频谱图（$f_d \approx 37\ s^{-1}$）（彩图见附录）

　　根据液滴长度变化幅值的频谱图，可知幅值最高点对应的频率值即为液滴长度变化的频率大小。采用泵驱动和压力驱动调节系统流量，随着液滴形成速度的增大，由傅立叶变化可以定量计算液滴长度变化频率 f_n，并与液滴形成速度 f_d 比较，如图 3.36 所示。

　　由试验结果可知，液滴形成过程引起的液滴尺寸变化，同时存在于所有的液滴微流控

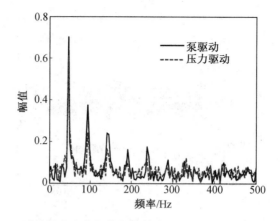

图 3.34   液滴长度变化幅值的频谱图($f_d \approx 50 \text{ s}^{-1}$)(彩图见附录)

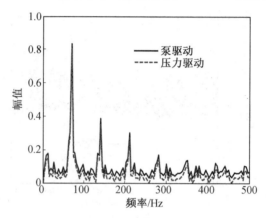

图 3.35   液滴长度变化幅值的频谱图($f_d \approx 70 \text{ s}^{-1}$)(彩图见附录)

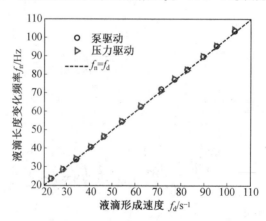

图 3.36   液滴长度变化频率与液滴形成速度比较

系统,且液滴长度变化频率与液滴形成速度保持一致。

在液滴形成过程中,液滴间隙也随时间发生周期性变化。图 3.37 所示为液滴形成过程中液滴间隙 L_s/L_{sa} 随时间变化的曲线。其中,泵驱动的两相液体流量比 Q_d/Q_c 为 1.0,压力驱动的两相液体驱动压力比 p_d/p_c 为 0.81,两种方式形成液滴的速度 f_d 均约为

$50\ \text{s}^{-1}$。

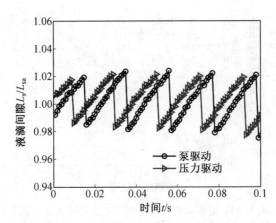

图 3.37　液滴形成过程中液滴间隙随时间变化的曲线（$f_d \approx 50\ \text{s}^{-1}$）

由试验结果可知,对于两种驱动方式的液滴微流控系统,在液滴形成过程中,液滴间隙也随时间发生周期性变化。为了定量分析液滴间隙变化的频率,对液滴间隙测量结果进行快速傅立叶变换,得到液滴间隙变化幅值的频谱图,如图 3.38 所示,其中,幅值最高点对应的频率值即为液滴间隙变化的频率大小。

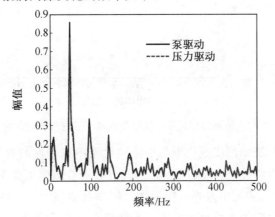

图 3.38　液滴间隙变化幅值的频谱图（$f_d \approx 50\ \text{s}^{-1}$）（彩图见附录）

在相同试验条件下,将液滴间隙变化频率 f_s 与液滴形成速度 f_d 进行比较,如图3.39所示。由试验结果可知,采用泵驱动和压力驱动调节系统流量,液滴形成过程中均会引起液滴间隙随时间发生周期性变化,且变化频率与液滴形成速度保持一致。

本书分别采用泵驱动和压力驱动调节系统流量,根据液滴尺寸变化的测试结果,分别计算液滴形成过程引起的液滴尺寸不一致性的大小并进行比较,得到不同液滴形成速度对应的液滴尺寸不一致性的大小,液滴尺寸的不一致性随液滴形成速度变化的曲线如图3.40所示。

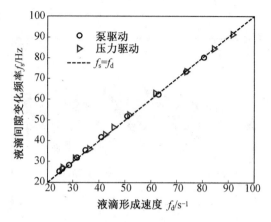

图 3.39 液滴间隙变化频率与液滴形成速度的比较

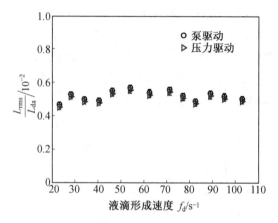

图 3.40 液滴尺寸的不一致性随液滴形成速度变化的曲线

由试验结果可知,液滴形成过程引起的液滴尺寸不一致性的大小随液滴形成速度的变化很小,可以近似为常数,即 $L_{rms}/L_{da} \approx 0.005$。对于液滴微流控系统,液滴形成过程引起的液滴尺寸不一致性的大小与外界流量脉动频率及幅值无关。因此,与外界流量变化相比,液滴形成过程引起的液滴尺寸的不一致性较小,且不随液滴形成速度变化。

比较外界流量变化和液滴形成过程引起的液滴尺寸变化可知,两种因素均会影响液滴尺寸不一致性的大小。采用泵驱动调节系统流量,液滴尺寸不一致性的大小主要取决于外界流量变化幅值;采用压力驱动调节系统流量,由于外界流量稳定,液滴尺寸不一致性的大小与液滴形成过程密切相关,液滴形成过程引起的液滴尺寸的不一致性存在于所有的液滴微流控系统。因此,采用压力驱动调节系统流量可以消除外界扰动引起的液滴尺寸变化,降低液滴尺寸不一致性的大小,提高液滴尺寸的控制精度。

3.6　PDMS 微流道压力脉动试验测试

为了进一步验证 PDMS 微流道的数学模型,采用注射泵(哈佛仪器 PHD 22/2000)调节液体流量,测试 PDMS 微流道两端压差随时间变化的曲线,并可以计算压力脉动幅值。

试验中,为了测试外界流量脉动频率对微流道压力脉动幅值的影响,选取不同直径的注射器,通过调节注射泵电机的转速改变流量变化的频率。为了精确测量微流道两端的压差,采用微小压力传感器(OMEGA PX26-005GV,0~5 psi),其对应的输出电压范围为0~50 mV,最大动态响应频率能达到1 000 Hz。由于微流道的压力脉动频率较小,通常低于1 Hz,因此,该微小压力传感器能够实时检测微流道两端压差随时间的变化,真实反映微流道中存在的压力脉动。

为了提高微流道两端压差的测量精度,采用差分信号放大器对压力传感器输出的电压信号进行放大(放大倍数为100),然后采用数据采集卡采集放大器输出的电压信号。PDMS 微流道两端压差的测量原理图如图 3.41 所示。由于微小压力传感器的线性度较好,试验中,微小压力传感器输出的电压值与微流道两端的压差呈线性关系。

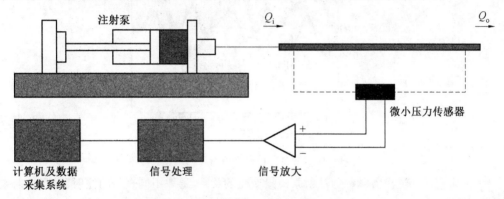

图 3.41 PDMS 微流道两端压差的测量原理图

试验中,采用 Sylgard 184 制作 PDMS 微流道,在制作过程中,PDMS 的弹性主要由交联剂配比决定。为了验证 PDMS 弹性对于微流道压力脉动幅值的影响,选取两种不同交联剂配比(5:1 和 15:1),在 70 ℃的恒温箱中加热 1 h,经过固化得到两种不同弹性模量的 PDMS。试验中,PDMS 微流道流量压力脉动试验参数见表 3.9。

表 3.9 PDMS 微流道流量压力脉动试验参数

参数名称	参数符号和单位	参数值
微流道宽度	$w/\mu m$	100
微流道高度	$h/\mu m$	10
微流道长度	l/mm	20
水黏度	μ_d/cP	1
硅油黏度	μ_c/cP	20
界面强度	$\gamma/(mN \cdot m^{-1})$	40
注射器直径	D_1/mm	4.69
	D_2/mm	9.60
	D_3/mm	12.45
	D_4/mm	15.90
步进长度	s/mm	1.056
PDMS 弹性模量	E_1/MPa	1.0
	E_2/MPa	2.0

为了实际测量微流道两端压差随时间的变化,选定 PDMS 弹性模量,采用两种直径的注射器,设定注射泵流量 Q_i 为 0.02 mL/min,进行微流道压力脉动的试验测试,得到不同直径注射器对应微流道两端压差随时间变化的曲线,如图 3.42 所示。由试验结果可知,采用注射泵调节液体流量,微流道两端压差存在周期性的脉动,同时,压差脉动的幅值和频率与注射器的直径有关。试验中,通过设定注射泵的流量 Q_i 可以计算注射泵电机转动的机械振动频率 $f_i = \dfrac{4Q_i}{\pi D^2 s}$。

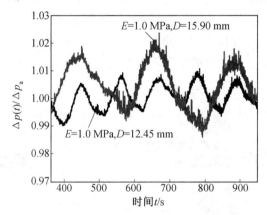

图 3.42　不同直径注射器对应微流道两端压差随时间变化的曲线

为了研究微流道压力脉动与注射泵流量变化的关系,选取不同直径的注射器,当注射泵流量 Q_i 从 0.03 mL/min 变化到 0.09 mL/min 时,测量微流道两端压差随时间的变化得到不同直径注射器对应的微流道压差脉动频率随注射泵流量变化的曲线,如图 3.43 所示。试验中,将压差脉动频率 f 与相同条件下对应的注射泵机械振动频率 f_i 进行比较(图 3.44),分析试验结果发现,注射器直径一定时,随着注射泵流量的增大,压差脉动频率与流量呈线性关系;注射泵流量一定时,注射器的直径越大,压差脉动频率越小。同时,在相同试验条件下,压差脉动频率 f 与注射泵的机械振动频率 f_i 保持一致,两者相对误差小于 10%。由此可知,在微流控系统中采用注射泵调节流量,由于注射泵工作时存在周期性的机械振动,引起泵输出流量的周期性变化,因此微流道两端压差存在周期性的压力脉动。

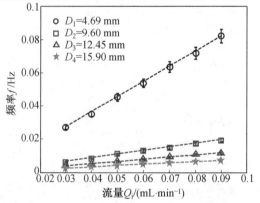

图 3.43　不同直径注射器对应的微流道压差脉动频率随注射泵流量变化的曲线

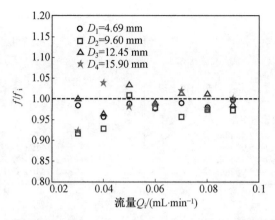

图 3.44　随着注射泵流量增大，微流道压差脉动频率与注射泵机械振动频率比较

由上述试验结果可以得到不同试验条件下，PDMS 微流道的压差脉动幅值 $\Delta p_{rms}/$ Δp_a。为验证 PDMS 微流道的流量压力脉动数学模型，需要测试外界流量变化幅值 $Q_{rms}/$ Q_{da}。T 型微流道中，由于液滴尺寸不一致性的大小与外界流量变化幅值近似相等，因此，由液滴尺寸的不一致性的试验结果可以估计外界流量变化幅值。试验中，对两种弹性的 PDMS 微流道分别进行试验测试，得到微流道压差脉动幅值 $\Delta p_{rms}/\Delta p_a$ 随流量脉动频率 f_i 变化的曲线，如图 3.45 所示。由图可知，随着流量脉动频率增大，压差脉动幅值减小，同时，当外界流量脉动频率一定时，PDMS 的弹性模量越大，压差脉动幅值越大。注射泵实际工作时，随着注射泵机械振动频率的增大，流量变化幅值也会发生改变，并影响压差脉动幅值。

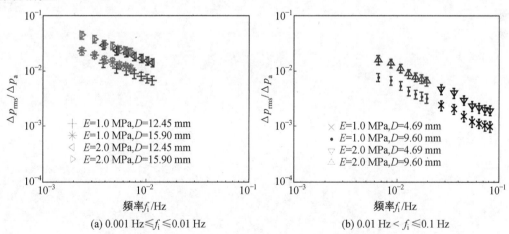

(a) 0.001 Hz ≤ f_i ≤ 0.01 Hz　　　　　　　(b) 0.01 Hz < f_i ≤ 0.1 Hz

图 3.45　微流道压差脉动幅值随流量脉动频率变化的曲线（彩图见附录）

选取不同脉动频率 f_i 可以计算与之对应的无量纲特征变量 St，得到微流道压差脉动幅值 $\Delta p_{rms}/\Delta p_a$ 随特征变量 St 变化的曲线，如图 3.46 所示。图中，虚线表示 $\Delta p_{rms}/\Delta p_a$ 随 St 变化的理论计算结果，由于实际制作微流道时，PDMS 弹性模量存在一定的范围，即 $E_1 = (1.0 \pm 0.1)$ MPa，$E_2 = (2.0 \pm 0.1)$ MPa，因此，压差脉动幅值的理论计算结果为两条虚线之间的区域。

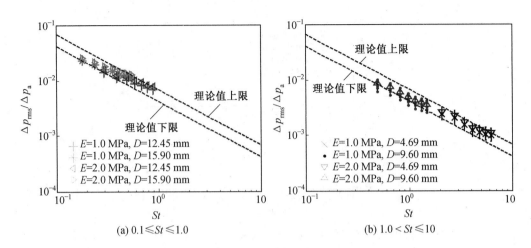

图 3.46 微流道压差脉动幅值随特征变量 St 变化的曲线(彩图见附录)

由图中结果可知,随着 St 增大,压差脉动幅值 $\Delta p_{rms}/\Delta p_a$ 减小,同时,对于不同弹性模量的 PDMS 微流道,$\Delta p_{rms}/\Delta p_a$ 的试验测量值均收敛于两条虚线之间的区域,压差脉动幅值的试验结果与理论计算结果保持一致。因此,本书建立的 PDMS 微流道数学模型通过引入无量纲特征变量 St 能够准确描述微流道压差脉动幅值与外界流量变化幅值的关系,同时,该无量纲特征变量 St 包含流量脉动频率、微流道尺寸、PDMS 弹性及液体黏度等所有参数对微流道压力脉动的影响。

第4章

液滴尺寸在线测量

液滴微流控系统中,为了获取液滴尺寸信息,通常采用显微镜和高速相机拍摄液滴图像,并经过复杂的图像处理得到液滴尺寸。该方法需要昂贵的设备,对拍摄液滴图像质量要求较高,同时,图像处理过程比较复杂,需要时间较长。本书采用电检测方法实时测量微流道中的液滴尺寸。

4.1 液滴尺寸电检测数学模型

本书采用电检测方法取代图像处理方法,实现液滴尺寸的快速测量。电检测方法测量液滴尺寸的原理图如图 4.1 所示。该方法需要设计微小电容传感器,并将微小电容传感器与微流道集成为一体,当液滴经过微小电容传感器时,通过检测微小电容传感器的电容变化获取液滴尺寸、液滴形成速度等信息。

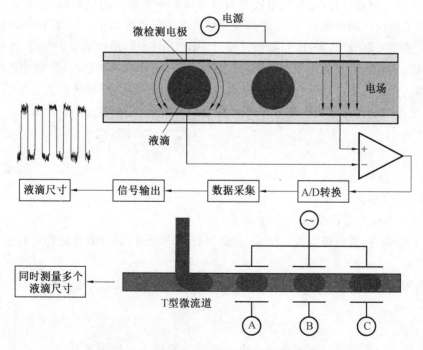

图 4.1 电检测方法测量液滴尺寸的原理图

液滴微流控系统中,选取相对介电系数差别较大的两种液体,其中,离散相液体相对介电系数更大。在微流道两侧布置微检测电极(简称微电极),当离散相的微小液滴经过微电极时,电极之间的电容值增大,会形成一个电容脉冲信号,通过电容脉冲信号的宽度和形成频率可以间接测量液滴尺寸和液滴形成速度。

对于液滴微流控系统,当连续相和离散相液体的相对介电系数差别较大时,采用电检测方法可以快速、精确地测量液滴长度和体积。采用电检测方法在线测量液滴尺寸需要设计成对的微电极,在成对的微电极之间可以组成一个微小电容传感器。实际测量时,微电极、微流道及液滴的位置分布示意图如图 4.2 所示。

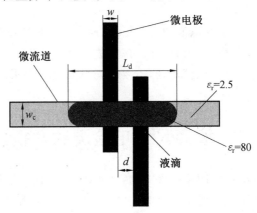

图 4.2   微电极、微流道及液滴的位置分布示意图

当液滴经过该微电极时,在微电极表面形成具有一定厚度的电介质,会改变微小电容传感器两个极板之间的电场分布,进而改变极板之间的电容大小。同时,由于水和硅油的相对介电系数差别较大,因此,当水和硅油分别作为电介质,流经电极表面时,该微小电容传感器具有不同的电容值。根据电介质的厚度不同,下面分两种情况,分别计算该微小电容传感器的电容大小。当电介质的实际高度大于微小电容传感器的最大电场厚度时,即 $h_0 > h_m$,微小电容传感器的电场分布图如图 4.3(a) 所示,其电容大小可表示为

$$C = \frac{2\varepsilon_0 \varepsilon_r l}{\pi} \ln\left[1 + \frac{2w}{d} + \sqrt{\left(1 + \frac{2w}{d}\right)^2 - 1}\right] \tag{4.1}$$

式中 w——极板宽度(m);

   d——极板间距(m);

   l——电极有效长度(m)。

式(4.1)中,由微电极结构可知,当液滴经过微电极时,其有效长度即为微流道宽度,即 $l = w_c$。

根据极板宽度和极板间距可以确定微小电容传感器的最大电场厚度为

$$h_m = \frac{d}{2}\sqrt{\left(1 + \frac{2w}{d}\right)^2 - 1} \tag{4.2}$$

当电介质的实际高度不大于微小电容传感器的最大电场厚度时,即 $h_0 \leqslant h_m$,微小电容传感器的电场分布图如图 4.3(b) 所示,其有效极板宽度 w_e 可表示为

$$w_e = \frac{d}{2}\left[\sqrt{1 + \left(\frac{2h_0}{d}\right)^2} - 1\right] \tag{4.3}$$

将式(4.3)代入式(4.1),可以得到微电极的电容值:

$$C = \frac{2\varepsilon_0 \varepsilon_r w_c}{\pi} \ln \left[1 + \frac{2w_e}{d} + \sqrt{\left(1 + \frac{2w_e}{d}\right)^2 - 1} \right] \tag{4.4}$$

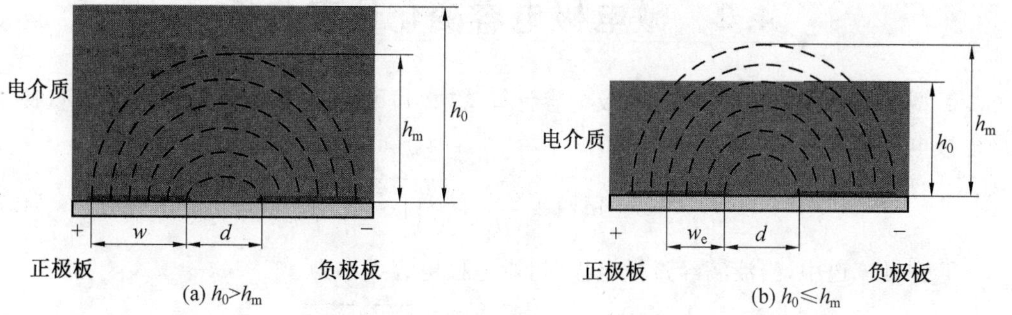

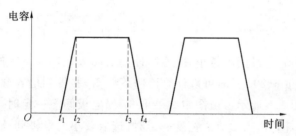

图 4.3　微小电容传感器的电场分布图

　　T 型微流道中,水作为离散相介质,其相对介电系数 ε_r 为 80,硅油作为连续相介质,其相对介电系数 ε_r 为 2.5,由于两种液体的相对介电系数差别较大,当液滴经过微电极时,会改变微电极的电容值。图 4.4 所示为单个液滴经过微电极时,微电极电容随时间变化的理想曲线。

图 4.4　单个液滴经过微电极时,微电极电容随时间变化的理想曲线

　　图中,t_1 为电容开始上升的时刻,t_2 为电容达到最大值的时刻,t_3 为电容开始下降的时刻,t_4 为电容恢复初始值的时刻。其中,令 $\Delta t = t_3 - t_2$,结合微电极、微流道及液滴的位置分布示意图,可以计算单个液滴的长度 L_d:

$$L_d = w_c + d + v_d \Delta t \tag{4.5}$$

式中　　w_c——微流道的宽度(m);

　　　　　v_d——液滴流动速度(m/s)。

　　由式(4.5)可知,为了计算液滴长度,需要已知液滴流动速度。采用电检测方法测量液滴尺寸可以选用多对微电极,且相邻微电极之间距离相等。实际测量时,选取两对微电极,其间距为 S_d,通过测量同一个液滴先后经过两对微电极对应的时间差 Δt_d 可以得到液滴流动速度:

$$v_d = \frac{S_d}{\Delta t_d} \tag{4.6}$$

　　为了保证电检测方法测量液滴尺寸的精度,单个液滴经过微电极时,要求液滴流动速度恒定。对于液滴微流控系统,如果注射泵存在流量变化,会引起液滴流速随时间发生变化,使得液滴尺寸测量值与真实值不一致。因此,后续研究中,本书采用压力驱动调节微流控系统液体流量,并合理设计密闭容器体积,可以消除外界流量变化引起的液滴流速变

化,提高液滴尺寸的测量精度。

4.2　微电极电容变化仿真分析

T 型液滴形成装置中,由微电极电容计算式(4.4)可知,T 型微流道中无液滴形成时,微电极电容大小为

$$C_1 = \frac{2\varepsilon_0 \varepsilon_{r1} w_c}{\pi} \ln\left[1 + \frac{2w_e}{d} + \sqrt{\left(1 + \frac{2w_e}{d}\right)^2 - 1}\right] \tag{4.7}$$

T 型微流道中,当液滴经过微电极时,微电极电容大小为

$$C_2 = \frac{2\varepsilon_0 \varepsilon_{r2} w_c}{\pi} \ln\left[1 + \frac{2w_e}{d} + \sqrt{\left(1 + \frac{2w_e}{d}\right)^2 - 1}\right] \tag{4.8}$$

由此可知,当液滴经过微电极时,微电极电容变大,其变化幅值为

$$\Delta C = k_1 w_c \tag{4.9}$$

式中　w_c——微流道宽度(m);

k_1——比例系数,

$$k_1 = \frac{2\varepsilon_0 (\varepsilon_{r2} - \varepsilon_{r1})}{\pi} \ln\left[1 + \frac{2w_e}{d} + \sqrt{\left(1 + \frac{2w_e}{d}\right)^2 - 1}\right] \tag{4.10}$$

由式(4.10)可知,电极间隙越小,电容脉冲幅值越大。选取不同的电极间隙,其大小分别为 50 μm、100 μm、200 μm,可以计算比例系数 k_1,并得到电容脉冲幅值随微流道宽度变化的曲线,如图 4.5 所示。由图中结果可知,当电极间隙一定时,电容脉冲幅值随微流道宽度线性增大,同时,当微流道宽度一定时,选取较小的电极间隙可以增大电容脉冲幅值,提高液滴尺寸电检测方法的灵敏度。

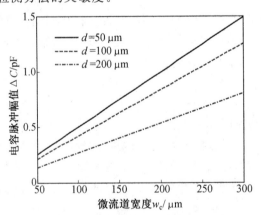

图 4.5　电容脉冲幅值随微流道宽度变化的曲线

给定电极间隙为 50 μm,考虑微电极具有一定的初始电容值 C_0,其大小为 0.4 pF,当液滴经过微电极时,微电极实际电容大小为 $C_0 + \Delta C$。仿真中,选取不同尺寸的 T 型微流道,其流道宽度分别为 50 μm、100 μm、150 μm、200 μm,根据微流道宽度计算电容脉冲幅值,由液滴长度确定电容脉冲时间宽度。假定液滴长度保持 300 μm 不变,相同长度液滴

经过微电极时,不同微流道宽度对应的微电极电容随时间变化的曲线如图 4.6 所示。由仿真结果可知,当液滴经过微电极时,微小电容传感器会输出电容脉冲信号,其脉冲幅值与微流道宽度有关,且幅值大小随着微流道宽度线性增大。

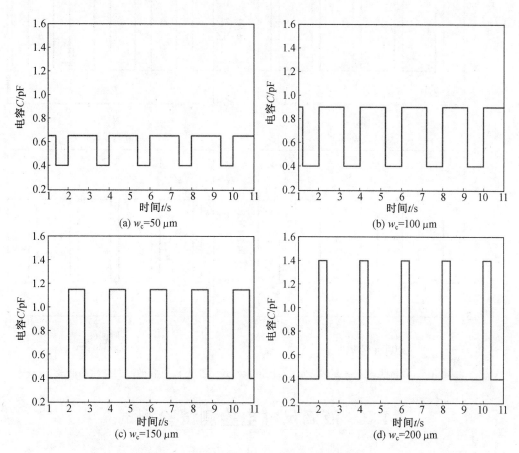

图 4.6　相同长度液滴经过微电极时,不同微流道宽度对应的微电极电容随时间变化的曲线

同时,给定微流道宽度为 $50\ \mu m$,在液滴形成过程中,微流道宽度一定时,不同长度液滴对应的微电极电容随时间变化的曲线如图 4.7 所示。由仿真结果可知,当液滴经过微电极时,微小电容传感器会输出电容脉冲信号,其脉冲时间宽度随液滴长度线性增大,脉冲幅值大小不随液滴长度改变。

由以上分析可知,对于特定尺寸的 T 型微流道,采用电检测方法测量液滴长度,当液滴流速一定时,电容脉冲时间宽度随液滴长度线性增大,但脉冲幅值不随液滴长度变化;当微电极间隙一定时,电容脉冲幅值主要取决于微流道宽度,增大微流道宽度可以增大微电极电容脉冲幅值,提高液滴尺寸测量的灵敏度。

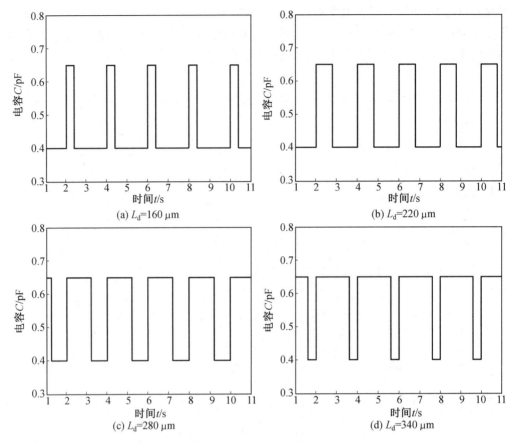

图 4.7　微流道宽度一定时，不同长度液滴对应的微电极电容随时间变化的曲线

4.3　液滴尺寸电检测试验测试

本书中，设计特定的 T 型微流道结构，采用压力驱动装置调节两相液体流量并通过电检测方法在线测量液滴尺寸，搭建电检测闭环液滴微流控系统。采用压力驱动调节两相液体流量，通过改变两相液体的驱动压力比 p_d/p_c，在 T 型微流道中可形成不同长度的微小液滴。

4.3.1　微电极制作

通过电检测方法在线测量液滴尺寸需要设计微小电容传感器，制作微检测电极，并将微小电容传感器与微流道集成为一体。本书选取 ITO 导电玻璃为原材料，通过化学腐蚀加工方法，在 ITO 导电玻璃表面形成微检测电极，ITO 导电玻璃电极制作的工艺流程图如图 4.8 所示。

采用化学腐蚀方法加工微检测电极，其最小电极宽度约为 100 μm，最小电极间隙约为 50 μm，同时，将 ITO 导电玻璃与 PDMS 微流道封接后可以组成微流控电检测芯片。微电极制作过程中，通过在 ITO 导电玻璃表面加工多组微电极可以同时测量微流道中不

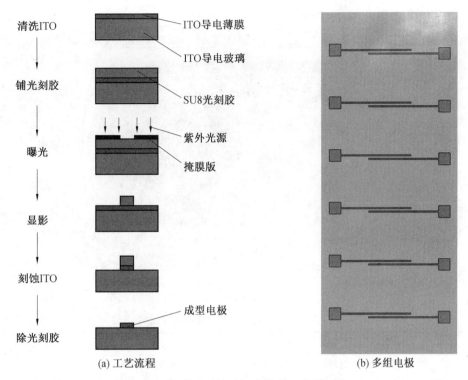

(a) 工艺流程　　　　　　　　　　　　(b) 多组电极

图 4.8　ITO 导电玻璃电极制作的工艺流程图

同液滴的尺寸。本书设计的微流控电检测芯片,芯片内部的微检测电极与 T 型微流道位置分布三维示意图如图 4.9 所示。

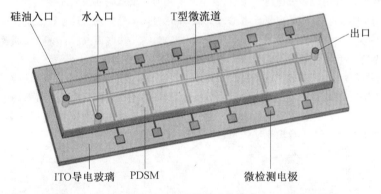

图 4.9　微检测电极与 T 型微流道位置分布三维示意图

4.3.2　电检测试验装置

采用电检测方法测量液滴尺寸需要设计特殊的电检测回路,电检测方法测量液滴尺寸过程示意图如图 4.10 所示。电检测回路中,需要用到电容转换器 AD7746,AD7746 是一个高精度、完全集成式的电容转换器,具有较高的分辨率、线性度和测量精度。AD7746 引脚功能介绍见表 4.1。

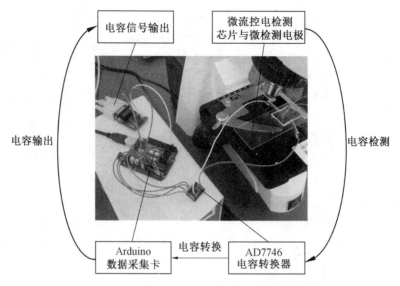

图 4.10　电检测方法测量液滴尺寸过程示意图

表 4.1　AD7746 引脚功能介绍

序号	引脚名称	引脚功能
1	SCL	时钟输入,需要外接上拉电阻
2	RDY	逻辑输出。低电平表示使能引脚转换完成,新数据可以读取
3	EXCA	CDC 激励输出 1,被测量电容应接于 EXC 和 CIN 之间
4	EXCB	CDC 激励输出 2,该引脚不用时需要悬空
5	REFIN（＋）	差分电压参考输入正极,不用时需要悬空或与地连接
6	REFIN（－）	差分电压参考输入负极,不用时需要悬空或与地连接
7	CIN1（－）	差分模式下第一个负端电容输入,不用时需要悬空或与地连接
8	CIN1（＋）	差分模式下第一个正端电容输入或单相模式下电容输入
9	CIN2（＋）	差分模式下第二个正端电容输入或单相模式下电容输入
10	CIN2（－）	差分模式下第二个负端电容输入,不用时需要悬空或与地连接
11	VIN（＋）	差分电压输入正极,不用时需要悬空或与地连接
12	VIN（－）	差分电压输入负极,不用时需要悬空或与地连接
13	GND	接地
14	VDD	电源
15	NC	空脚
16	SDA	双向数据传输,与主机进行数据传递,需要外接上拉电阻

试验中,将微小电容传感器的正极与 EXCA 连接,负极与 CIN1 连接,即可实时测量微电极两端的电容大小。对于电容转换器 AD7746,采用不同的电容转换速率可以得到不同的电容采样频率。同时,采用 Arduino 数据采集卡与 AD7746 进行电容转换,实时采集微电极两端的电容信号,由 Matlab 实时显示液滴形成过程中,微电极两端电容值随时间的变化。

采用电检测方法测量液滴尺寸需要设计和加工微检测电极。本书采用 ITO 导电玻璃,通过化学腐蚀方法加工微检测电极,并与 PDMS 微流道封接后形成液滴尺寸微流控电检测芯片,微电极与 T 型微流道位置分布实物图如图 4.11 所示。图中,在 ITO 导电玻璃表面加工多对微检测电极可同时测量微流道的液滴尺寸。

硅油入口　水入口　　出口　　T 型微流道

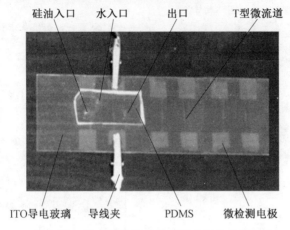

ITO导电玻璃　导线夹　　PDMS　微检测电极

图 4.11　微电极与 T 型微流道位置分布实物图

为了验证液滴尺寸电检测方法的数学模型,并与仿真分析结果进行比较,试验中,需要选取不同宽度的电极,测试液滴经过微检测电极时,微电极电容随时间的变化。试验中,选取电极间隙为 $50~\mu m$,电极宽度 w 变化范围为 $50\sim300~\mu m$,不同电极宽度对应的微电极实物图如图 4.12 所示。T 型微流道中,采用电检测方法在线测量液滴尺寸,当液滴经过微电极时,微检测电极两端电容发生变化,由微小电容传感器测量后输出一个电容脉冲信号。在一个完整的脉冲周期内,不同时刻对应的液滴与微检测电极相对位置实物图

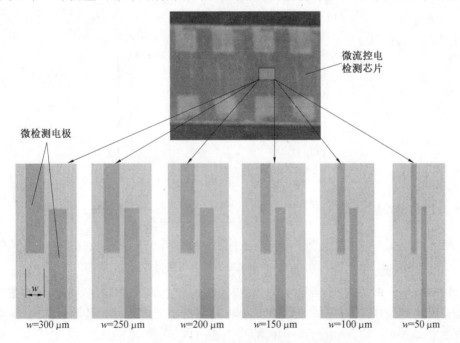

微流控电检测芯片

微检测电极

w

$w=300~\mu m$　　$w=250~\mu m$　　$w=200~\mu m$　　$w=150~\mu m$　　$w=100~\mu m$　　$w=50~\mu m$

图 4.12　不同电极宽度对应的微电极实物图

如图 4.13 所示。

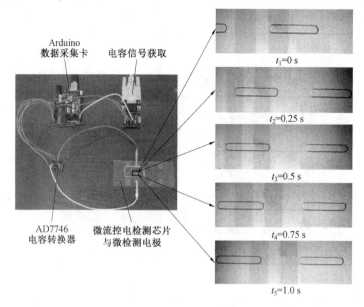

图 4.13　不同时刻对应的液滴与微检测电极相对位置实物图

4.3.3　液滴尺寸测量结果

试验中,通过配置 AD7746 的内部寄存器可以得到两种不同的电容转换速率,$t_1 =$ 20 ms、$t_2 = 50$ ms,对应的采样频率 $f_1 = 50$ Hz、$f_2 = 20$ Hz。选取采样频率 f_1 为 50 Hz, 在液滴经过微电极时,微电极电容随时间变化的曲线如图 4.14 所示。同时,选取采样频率 f_2 为 20 Hz,在液滴经过微电极时,微电极电容随时间变化的曲线如图 4.15 所示。

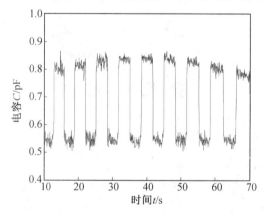

图 4.14　液滴经过微电极时,微电极电容随时间变化的曲线($f_1 = 50$ Hz)

由试验结果可知,电容传感器的电容转换速率越大,采样频率越高,同时,电容信号噪声越大。因此,为了减小电容信号的测量误差,提高微小电容传感器的测量精度,选取电容转换速率 t_2 为 50 ms,对应的采样频率 f_2 为 20 Hz。

试验中,电极间隙 d 恒定不变为 50 μm,选取不同尺寸的 T 型微流道,其流道宽度分

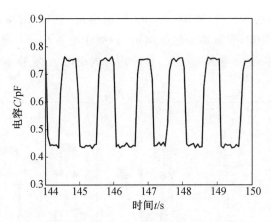

图 4.15 液滴经过微电极时,微电极电容随时间变化的曲线($f_2 = 20$ Hz)

别为 50 μm、100 μm、150 μm、200 μm,分别测试不同长度液滴引起的微电极电容变化,试验中,改变两相液体的驱动压力比可以形成不同长度的微小液滴,并得到不同长度液滴经过微电极时微电极电容随时间变化的曲线。

图 4.16 所示为微流道宽度为 50 μm,不同长度液滴引起的微电极电容随时间变化的曲线。由试验结果可知,当液滴经过微电极时,微小电容传感器输出一个电容脉冲,其脉冲时间宽度随液滴长度的增大而增大,脉冲幅值大小约为 0.25 pF,且幅值不随液滴长度改变。

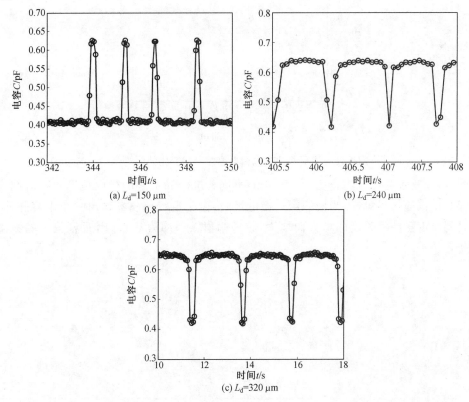

图 4.16 不同长度液滴引起的微电极电容随时间变化的曲线($w_c = 50$ μm)

　　图 4.17 所示为微流道宽度为 100 μm，不同长度液滴引起的微电极电容随时间变化的曲线。由试验结果可知，当液滴经过微电极时，微小电容传感器输出一个电容脉冲，其脉冲时间宽度随液滴长度的增大而增大，脉冲幅值大小约为 0.35 pF，且幅值不随液滴长度改变。

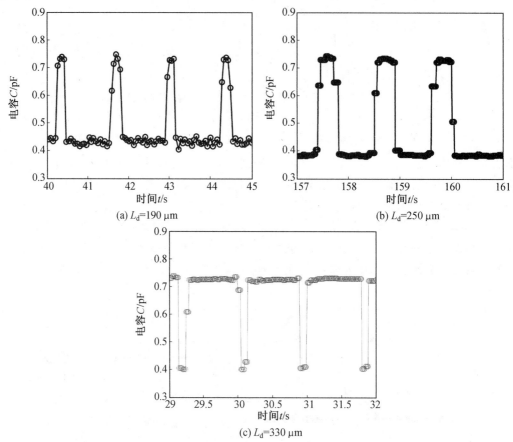

(a) L_d=190 μm

(b) L_d=250 μm

(c) L_d=330 μm

图 4.17　不同长度液滴引起的微电极电容随时间变化的曲线（w_c＝100 μm）

　　图 4.18 所示为微流道宽度为 150 μm，不同长度液滴引起的微电极电容随时间变化的曲线。由试验结果可知，当液滴经过微电极时，微小电容传感器输出一个电容脉冲，其脉冲时间宽度随液滴长度的增大而增大，脉冲幅值大小约为 0.5 pF，且幅值不随液滴长度改变。

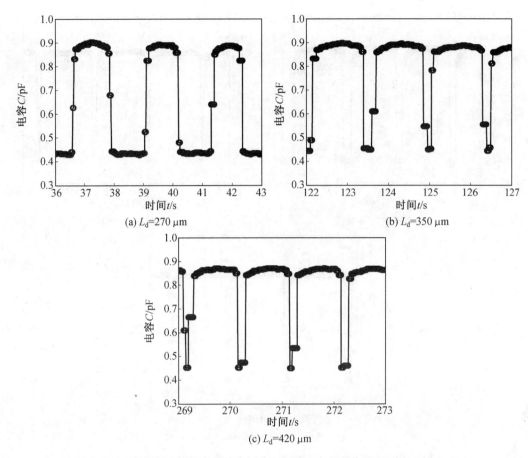

(a) $L_d=270\ \mu m$　　(b) $L_d=350\ \mu m$

(c) $L_d=420\ \mu m$

图 4.18　不同长度液滴引起的微电极电容随时间变化的曲线（$w_c=150\ \mu m$）

图 4.19 所示为微流道宽度为 200 μm，不同长度液滴引起的微电极电容随时间变化的曲线。由试验结果可知，当液滴经过微电极时，微小电容传感器输出一个电容脉冲，其脉冲时间宽度随液滴长度的增大而增大，脉冲幅值大小约为 1.0 pF，且幅值不随液滴长度改变。

由以上试验结果可知，采用电检测方法测量液滴长度，当液滴经过微检测电极时，微小电容传感器会输出一个电容脉冲，当液滴流速一定时，其脉冲时间宽度随液滴长度的增大而增大，但脉冲幅值不随液滴长度改变。同时，增大 T 型微流道的宽度可以增大微小电容传感器输出的电容脉冲幅值，提高电检测方法的灵敏度。由试验测试结果可以得到液滴经过微检测电极时，不同微流道宽度对应的电容脉冲幅值，并与理论计算结果比较，电容脉冲幅值随微流道宽度的变化如图 4.20 所示。

由图中结果可知，当微流道宽度一定时，比较电容脉冲幅值试验值和理论值，两者误差较小，一致性较好。通过试验测试发现，随着微流道宽度的增大，电容脉冲幅值增大，电容脉冲幅值随着微流道宽度近似呈线性变化，与电容脉冲幅值的理论值保持一致，因此，液滴尺寸电检测数学模型能够准确描述电容脉冲幅值与微流道宽度的线性关系。

根据 T 型微流道结构，选取三组微检测电极 1、2 和 3，不同电极位置分布图如图 4.21 所示，相邻电极间距 S_d 保持不变为 10 mm。通过改变两相液体的驱动压力比可以形成

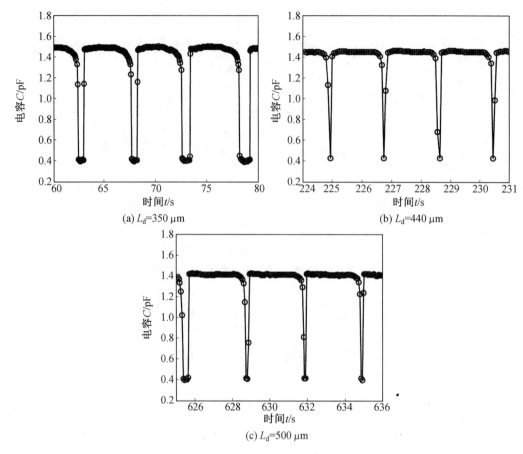

图 4.19 不同长度液滴引起的微电极电容随时间变化的曲线（$w_c = 200\ \mu m$）

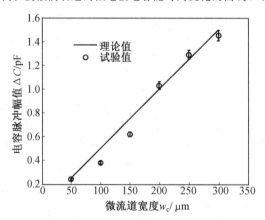

图 4.20 电容脉冲幅值随微流道宽度的变化

不同长度的微小液滴。为验证液滴尺寸电检测方法的可靠性，实现液滴尺寸快速、精确测量，液滴形成过程中，同时采用高速相机拍摄液滴图像，并经过图像处理分别得到液滴流动速度 V_d 和液滴长度 L_d。

给定不同的两相液体驱动压力比，通过测量同一液滴经过微检测电极 1 和 3 的时间

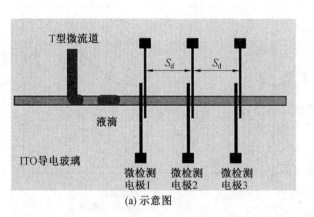 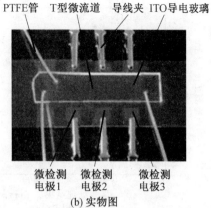

图 4.21　不同电极位置分布图

间隔计算微流道中液滴流动速度 V_d'，并与图像处理结果 V_d 比较，电检测方法测得液滴速度与图像处理结果比较如图 4.22 所示。图中，误差棒高度表示驱动压力比恒定时，采用电检测方法多次测量液滴速度的均方差。由试验结果可知，采用压力驱动调节系统流量并合理选取密闭容器体积，由电检测方法测得的液滴速度与图像处理方法得到的液滴速度具有较好的一致性，液滴速度测量的相对误差约为 1%。

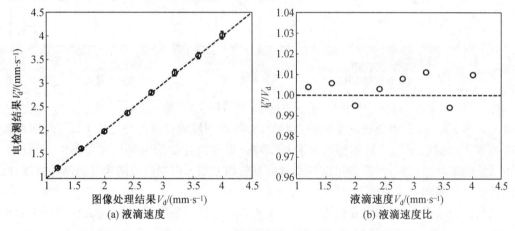

图 4.22　电检测方法测得液滴速度与图像处理结果比较

　　试验中，当两相液体驱动压力比一定时，分别测量同一液滴经过微检测电极 1、2 和 3，由电检测方法得到液滴长度 L_d'，并与图像处理结果 L_d 比较，不同位置电检测方法测得液滴长度与图像处理结果比较如图 4.23 所示。由试验结果可知，电检测方法存在一定的测量误差，且不同电极测量液滴尺寸的结果不能完全保持一致。分析原因，对于压力驱动液滴微流控系统，由于液滴形成瞬态过程引起液滴尺寸变化，系统存在较小的液滴尺寸不一致性，其大小为 0.01~0.02，该液滴尺寸的不一致性会影响电检测方法的测量精度。由图 4.23 比较微检测电极 1、2 和 3 的测量结果可知，液滴长度测量误差与微电极的检测位置有关，随着微检测电极与交汇处距离增大，液滴形成瞬态过程对液滴尺寸测量结果影响变小。但是，采用单个微电极测量液滴长度，液滴长度测量的相对误差较大，达到 2%。

　　为了减小电检测方法的测量误差，提高液滴尺寸的测量精度，同一液滴经过微检测电

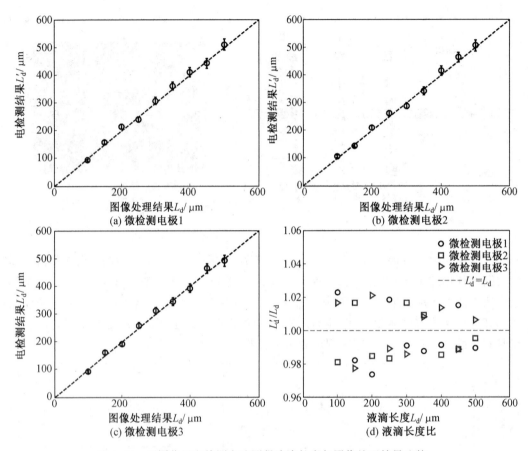

图 4.23　不同位置电检测方法测得液滴长度与图像处理结果比较

极 1、2 和 3 时,由三组电极的液滴长度测量结果,得到液滴长度的均方根 L_d',并与图像处理结果 L_d 比较,不同位置测得的液滴长度均方根与图像处理结果比较如图 4.24 所示。由试验结果可知,通过计算多组电极测量结果的均方根可以提高液滴尺寸的测量精度,液滴长度测量的相对误差较小,约为 1%。

　　由试验结果可知,选取多组微检测电极并合理布置测量位置,电检测方法与图像处理方法测得的液滴速度和液滴长度具有较好的一致性。比较两种方法的测量结果可知,液滴速度和液滴长度测量的相对误差均约为 1%。因此,对于压力驱动液滴微流控系统,由于外界流量稳定,微流道中液滴速度保持恒定,采用电检测方法能精确测量微流道中的液滴尺寸。对于相对介电系数差别较大的两相液体,采用电检测方法测量液滴尺寸,其测量速度快、可靠性高,同时,与图像处理方法相比,电检测方法不需要显微镜、高速相机等昂贵的测量设备,可以降低检测成本。因此,在液滴微流控系统中,采用电检测方法测量液滴尺寸具有测量精度高、检测速度快及灵敏度高等优点。

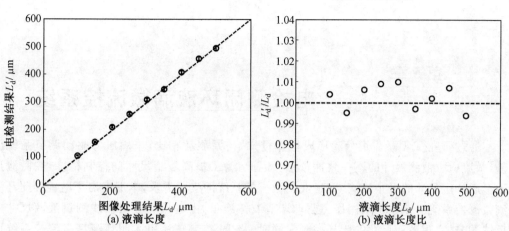

图 4.24　不同位置测得的液滴长度均方根与图像处理结果比较

第 5 章

电检测闭环液滴微流控系统

通过研究 T 型微流道液滴形成规律可知,与泵驱动相比,采用压力驱动调节系统流量,微流道中液滴尺寸的不一致性较小。因此,为了提高液滴尺寸的控制精度,在微流道中形成特定尺寸的微小液滴,满足液滴微流控系统的应用需求,本书提出了电检测闭环液滴微流控系统。该系统采用压力驱动调节液体流量,由电检测方法在线测量液滴尺寸并反馈调节,实现液滴尺寸的闭环控制。同时,将 PI 控制算法引入闭环液滴微流控系统可以改善系统的动态调节特性,提高系统的动态响应速度和液滴尺寸控制精度。

5.1 电检测闭环液滴微流控系统搭建

本书采用 T 型液滴形成装置,通过压力驱动调节液体流量,基于电检测方法获取液滴尺寸并选取特殊控制方法可以组成电检测闭环液滴微流控系统,该系统主要包括驱动及控制装置、流量调节装置及液滴形成与检测装置。将各个装置集成为一体可以组成一个闭环控制系统,电检测闭环液滴微流控系统的工作原理如图 5.1 所示。

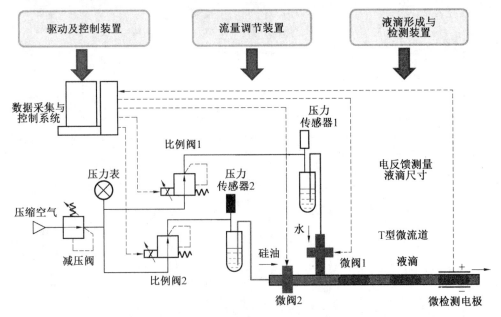

图 5.1 电检测闭环液滴微流控系统的工作原理

对于电检测闭环液滴微流控系统,为了研究液滴尺寸闭环调节的动态特性,提高液滴尺寸的控制精度,首先,需要分析液滴形成过程并建立液滴尺寸的数学模型,得到液滴尺寸的变化规律;其次,需要建立压力驱动装置的数学模型并分析其动态特性;最后,设计控制器并选取合适的控制参数,改善闭环系统的动态特性,提高液滴尺寸的控制精度。电检测闭环液滴微流控系统的控制方框图如图 5.2 所示。

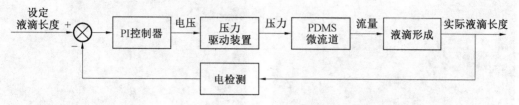

图 5.2 电检测闭环液滴微流控系统的控制方框图

为了搭建电检测闭环液滴微流控系统,采用压力驱动调节液体流量,通过电检测方法在线测量液滴尺寸并反馈调节,实现液滴尺寸的闭环控制。本章需要测试电检测闭环液滴微流控系统的动态特性,并分析液滴形成速度及 PI 控制参数对闭环系统动态响应速度与控制精度的影响。

开展电检测闭环液滴微流控系统的试验研究,主要内容包括:液滴尺寸电检测的试验测试、压力驱动装置动态特性的试验测试和液滴尺寸开闭环调节动态特性的试验测试。通过试验测试可以得到实际工作时,电检测闭环液滴微流控系统的动态特性和液滴尺寸的控制精度,以及如何选取合适的 PI 控制参数,改善系统的动态调节特性,提高液滴尺寸的控制精度。本书搭建的电检测闭环液滴微流控系统,在 T 型微流道中可以形成体积从 10 pL 到 100 nL 连续变化的微小液滴,对液滴微流控系统在化学、生物和医学等领域的研究具有重要意义。

图 5.3 所示为本书搭建的系统实物图。该系统主要包括驱动、控制与流量调节装置、液滴形成装置、液滴观察装置、液滴检测装置,电检测闭环液滴微流控系统的各个组成部分实物图如图 5.4 所示。

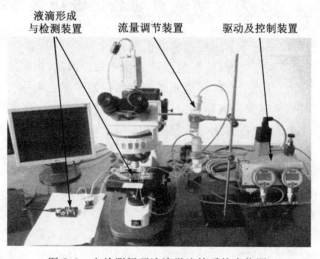

图 5.3 电检测闭环液滴微流控系统实物图

(a) 驱动、控制与流量调节装置

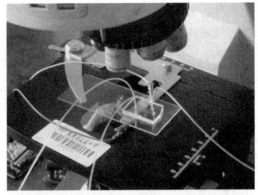
(b) 液滴形成装置

(c) 液滴观察装置

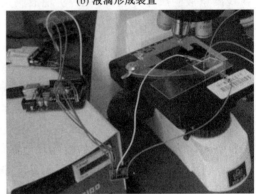
(d) 液滴检测装置

图 5.4　电检测闭环液滴微流控系统的各个组成部分实物图

5.2　压力驱动装置动态特性仿真分析

本书采用压力驱动装置调节闭环液滴微流控系统的液体流量,压力驱动装置的动态特性与闭环系统的动态响应速度、控制精度等直接相关。因此,根据压力驱动装置的动态数学模型分析其动态特性是研究闭环液滴微流控系统的基础。由压力驱动装置的动态数学模型可知,由一阶传递函数可以建立密闭容器实际驱动压力与设定驱动压力之间的动态模型,根据该传递函数,对压力驱动装置的动态调节性能进行仿真分析。压力驱动装置的动态特性包括开环特性和闭环特性,基于实际驱动压力 p_i 与设定驱动压力 p_{out} 的一阶传递函数模型,分别研究压力驱动装置的开环和闭环调节特性。仿真分析中,选取不同体积的密闭容器,并分析密闭容器体积对压力驱动装置动态调节特性的影响。其中,压力驱动装置的参数选取见表 5.1。

同时,由于液滴形成过程引起微流道入口压力脉动,其压力脉动幅值能达到千帕数量级,该压力脉动可以看成由液滴形成过程引入的外界扰动,仿真中需要重点讨论该压力脉动对压力驱动装置的动态特性以及控制精度的影响。

表 5.1 压力驱动装置的参数选取

参数名称	参数符号及单位	参数值
PTFE 管长度	L/mm	100
PTFE 管直径	d/mm	1.0
微流道长度	l/mm	20
微流道宽度	$w_c/\mu\mathrm{m}$	100
	$w_d/\mu\mathrm{m}$	100
微流道高度	$h/\mu\mathrm{m}$	20
	V_{01}/mL	1
	V_{02}/mL	2
	V_{03}/mL	5
密闭容器体积	V_{04}/mL	10
	V_{05}/mL	20
	V_{06}/mL	40
初始压力	p_0/kPa	100
初始温度	T_0/K	300
气体常数	$R/(\mathrm{J\cdot mol^{-1}\cdot K^{-1}})$	8.31
水黏度	μ_d/cP	1
硅油黏度	μ_c/cP	20
界面强度	$\gamma/(\mathrm{mN\cdot m^{-1}})$	40

5.2.1 压力驱动装置控制精度

对于电检测闭环液滴微流控系统,液滴尺寸不一致性的大小主要取决于压力驱动装置的控制精度。因此,为了提高液滴形成的稳定性,满足液滴尺寸的不一致性的要求,需要分析压力驱动装置开环和闭环调节的动态特性,得到实际驱动压力的控制精度,并选取特殊控制算法提高压力驱动装置的控制精度。

对于 T 型液滴形成装置,通过改变两相液体的驱动压力比 p_c/p_d,在微流道中可以形成不同长度的微小液滴。试验中,离散相液体驱动压力保持不变,即 $p_d = 70\times10^3$ Pa,连续相液体驱动压力 p_c 从 85×10^3 Pa 到 100×10^3 Pa 变化,对应两相液体驱动压力比的变化范围为 $1.21 \leqslant p_c/p_d \leqslant 1.43$。本书对液滴的长度进行无量纲处理,定义无量纲液滴长度为 L_d/w_c。通过试验测试得到液滴长度 L_d/w_c 随两相液体驱动压力比 p_c/p_d 变化的曲线,如图 5.5 所示。

由试验结果可知,液滴长度与两相液体驱动压力比近似呈线性关系。液滴形成过程中,离散相液体驱动压力恒定不变,连续相液体驱动压力 p_c 即为压力驱动装置实际驱动压力 p_i,定义 $p_{\mathrm{rms}}/p_{\mathrm{ia}}$ 为实际驱动压力相对脉动幅值,对试验结果进行线性拟合可以得到

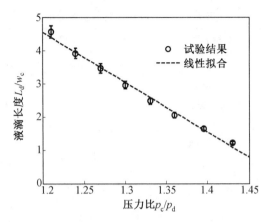

图 5.5　液滴长度随两相液体驱动压力比变化的曲线

液滴尺寸的不一致性与实际驱动压力相对脉动幅值的关系：

$$\frac{L_{rms}}{L_{da}} = K_2 \frac{p_{rms}}{p_{ia}} \tag{5.1}$$

式中　$\dfrac{L_{rms}}{L_{da}}$——液滴尺寸的不一致性；

　　　$\dfrac{p_{rms}}{p_{ia}}$——实际驱动压力相对脉动幅值。

其中，线性拟合的比例系数 $K_2 \approx 15.0$。对于 T 型液滴形成装置，由液滴形成瞬态数学模型可知，在每个液滴的形成过程中，会产生周期性的压力脉动，其脉动频率与液滴形成速度保持一致。该周期性压力脉动可以看成由液滴形成引入的高频扰动，对压力驱动装置的动态特性以及控制精度具有一定的影响。

同时，为了将液滴微流控系统应用于化学、生物、医学等领域并开展研究工作，对液滴尺寸的控制精度和不一致性具有严格要求。例如，单个液滴作为微小反应器，在液滴内部可以模拟生物化学反应，采用单个液滴包裹生物细胞可以完成生物细胞分析与检测等生物试验。在上述应用研究中，要求液滴尺寸的不一致性 $L_{rms}/L_{da} \leqslant 0.02$。由式（5.1）可知，对于压力驱动装置，要求实际驱动压力相对脉动幅值 $p_{rms}/p_{ia} \leqslant 0.0013$。由实际驱动压力最大值 p_i 为 100 kPa 可以得到实际驱动压力允许的最大脉动幅值 $\Delta p_i = 0.18$ kPa。

本书搭建压力驱动液滴微流控系统，选取微流道结构尺寸为 $w_d = w_c = 100~\mu m$、$h = 20~\mu m$，两相液体界面强度 $\gamma = 40$ mN/m，由此可计算液滴形成过程引起的压力脉动幅值 $\Delta p_{drop} = 3.6$ kPa。于是，为了提高实际驱动压力的控制精度，并满足液滴尺寸的不一致性的要求，因此对应实际驱动压力最大脉动幅值与液滴形成压力脉动幅值之比 $\Delta p_i / \Delta p_{drop} \leqslant 0.05$。

5.2.2　压力驱动装置开环特性仿真分析

由压力驱动装置的动态数学模型可知，压力驱动装置的开环传递函数可表示为

$$G(s) = \frac{K_0}{\tau_0 s + 1} \tag{5.2}$$

其中，$K_0 = \dfrac{k_2 R T_0}{k_1 p_0}$，$\tau_0 = \dfrac{V_0}{k_1 p_0}$，开环仿真中，取 $K_0 = 1.0$。由该一阶传递函数模型可知，压力驱动装置的开环特性主要与时间常数有关。其中，开环增益与温度、压力等物理量有关，时间常数主要取决于密闭容器的体积。

仿真分析中，为了得到密闭容器体积对压力驱动装置动态调节特性的影响，选取不同体积的密闭容器，分别计算时间常数，不同体积密闭容器对应的时间常数见表 5.2。

表 5.2　不同体积密闭容器对应的时间常数

V_0/mL	1	2	5	10	20	40
τ_0/s	0.04	0.08	0.2	0.4	0.8	1.6

根据压力驱动装置的一阶传递函数模型，基于 Matlab Simulink 仿真平台进行压力驱动装置开环调节动态特性仿真分析。仿真分析中，选取不同体积的密闭容器，给设定驱动压力 p_{out} 输入阶跃信号，可以得到实际驱动压力 p_i 的阶跃响应特性。同时，考虑液滴形成过程引起压力脉动，该压力脉动频率与液滴形成速度 f_d 保持一致，压力脉动幅值 Δp_{drop} 为 3.6 kPa。仿真中，选取液滴形成速度的变化范围为 $1 \sim 20\ \text{s}^{-1}$。下面重点讨论液滴形成过程引起的压力脉动对于压力驱动装置动态特性和控制精度的影响。

仿真分析中，选取液滴形成速度 f_d 为 $1\ \text{s}^{-1}$，随着密闭容器体积的增大，压力驱动装置开环调节的阶跃响应特性如图 5.6 所示。

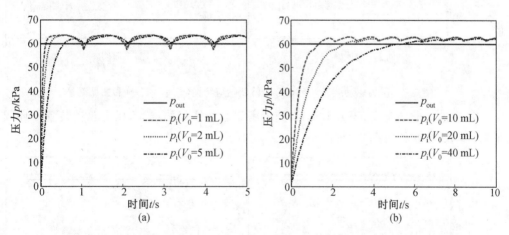

图 5.6　压力驱动装置开环调节的阶跃响应特性（$f_d = 1\ \text{s}^{-1}$）（彩图见附录）

选取液滴形成速度 f_d 为 $2\ \text{s}^{-1}$，随着密闭容器体积的增大，压力驱动装置开环调节的阶跃响应特性如图 5.7 所示。

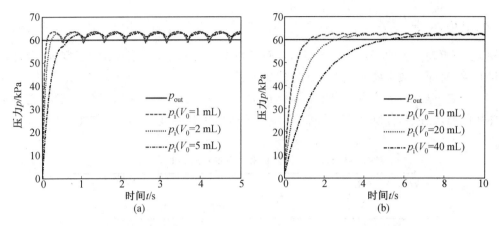

图 5.7 压力驱动装置开环调节的阶跃响应特性($f_d = 2\ \text{s}^{-1}$)(彩图见附录)

选取液滴形成速度 f_d 为 5 s^{-1},随着密闭容器体积的增大,压力驱动装置开环调节的阶跃响应特性如图 5.8 所示。

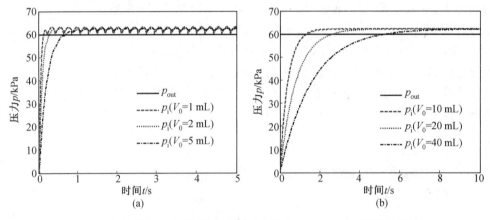

图 5.8 压力驱动装置开环调节的阶跃响应特性($f_d = 5\ \text{s}^{-1}$)(彩图见附录)

选取液滴形成速度 f_d 为 10 s^{-1},随着密闭容器体积的增大,压力驱动装置开环调节的阶跃响应特性如图 5.9 所示。

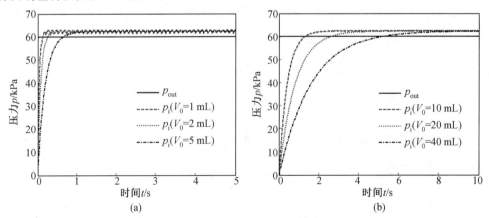

图 5.9 压力驱动装置开环调节的阶跃响应特性($f_d = 10\ \text{s}^{-1}$)(彩图见附录)

选取液滴形成速度 f_d 为 20 s^{-1}，随着密闭容器体积的增大，压力驱动装置开环调节的阶跃响应特性如图 5.10 所示。

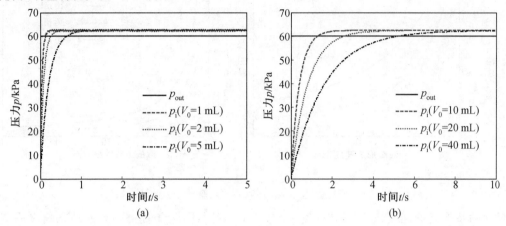

图 5.10 压力驱动装置开环调节的阶跃响应特性（$f_d = 20$ s^{-1}）（彩图见附录）

由仿真结果可知，随着密闭容器体积 V_0 的减小，时间常数 τ_0 减小，实际驱动压力 p_i 上升时间变短，其动态响应速度变快。同时，液滴形成过程引起实际驱动压力 p_i 产生周期性脉动，该压力脉动频率与液滴形成速度保持一致，压力脉动幅值与液滴形成速度和密闭容器体积均相关。对于压力驱动装置，增大密闭容器体积并提高液滴形成速度可以减小压力脉动幅值，提高实际驱动压力的控制精度。同时，随着密闭容器体积的增大，压力驱动装置动态响应速度降低。

开环调节中，根据压力驱动装置开环传递函数，可以得到实际驱动压力脉动幅值 Δp_i 与液滴形成引起的压力脉动幅值 Δp_{drop} 之比：

$$\frac{\Delta p_i}{\Delta p_{drop}} = \frac{1}{\sqrt{(2\pi f_d \tau_0)^2 + 1}} \tag{5.3}$$

根据式（5.3），对于不同体积的密闭容器（1 mL、2 mL、5 mL、10 mL、20 mL、40 mL），分别计算压力驱动装置开环调节时，不同液滴形成速度对应的实际驱动压力脉动幅值与液滴形成引起的压力脉动幅值之比，压力驱动装置开环调节实际驱动压力的脉动幅值如图 5.11 所示。由图可知，对于压力驱动装置开环调节，当密闭容器体积一定时，实际驱动压力的脉动幅值随着液滴形成速度的增大而减小；当液滴形成速度一定时，实际驱动压力的脉动幅值随着密闭容器体积的增大而减小。因此，增大密闭容器体积并提高液滴形成速度可以减小开环调节中实际驱动压力的脉动幅值，抑制液滴形成过程引起的压力脉动。不过，当密闭容器体积较小且液滴形成速度较慢时，实际驱动压力脉动幅值较大，采用开环调节方法不能有效抑制液滴形成过程引起的压力脉动。

根据液滴尺寸的不一致性要求，得到实际驱动压力脉动幅值与液滴形成压力脉动幅值之比 $\Delta p_i / \Delta p_{drop} \leqslant 0.05$，将其代入式（5.3），并由一阶传递函数时间常数 $\tau_0 = \dfrac{V_0}{k_1 p_0}$，可得 $V_0 f_d \geqslant \dfrac{10 k_1 p_0}{\pi}$。同时，考虑系统的动态响应速度，要求时间常数 $\tau_0 \leqslant 2$ s。此外，采用电检测方法测量液滴尺寸，由于微小电容传感器的采样频率最大约为 100 Hz，为了实现液滴

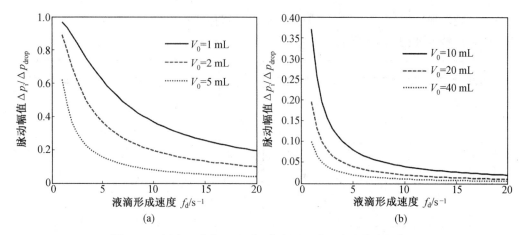

图 5.11　压力驱动装置开环调节实际驱动压力的脉动幅值

尺寸的精确测量,要求液滴形成速度 $f_d \leqslant 20\ \mathrm{s}^{-1}$。因此,为了提高系统的动态响应速度,抑制液滴形成过程引起的系统压力脉动,达到液滴尺寸的不一致性的要求,密闭容器体积和液滴形成速度需要满足以下条件:

$$\begin{cases} V_0 f_d \geqslant \dfrac{10 k_1 p_0}{\pi} \\ f_d \leqslant 20 \\ V_0 \leqslant 2 k_1 p_0 \end{cases} \tag{5.4}$$

由上述条件,分别选取液滴形成速度和密闭容器体积为 $x-y$ 坐标,可以得到密闭容器体积和液滴形成速度的可选范围如图 5.12 所示。对于液滴微流控系统,可根据液滴形成速度选取合适的密闭容器体积,抑制液滴形成过程引起的系统压力脉动,改善系统的动态调节特性,并提高稳态控制精度。

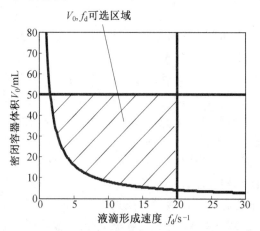

图 5.12　密闭容器体积和液滴形成速度的可选范围

因此,对于压力驱动装置,为了提高实际驱动压力的动态响应速度和稳态控制精度,需要根据微流道结构尺寸、液滴形成速度等,选取特定体积的密闭容器。本书由于液滴形成速度变化范围为 $1 \sim 20\ \mathrm{s}^{-1}$,由此可以得到密闭容器体积的可选范围为 $10 \sim 50\ \mathrm{mL}$。同时,当密闭容器体积较小、液滴形成速度较慢时,采用开环调节方法,实际驱动压力脉动幅值较大,不能满足压力驱动液滴微流控系统的液滴尺寸的不一致性的要求。因此,为改善压力驱动装置的动态特性,提高实际驱动压力的控制精度,满足液滴尺寸的不一致性的要求,需要搭建压力驱动装置闭环调节系统。当密闭容器体积较小时,能有效抑制实际驱动压力的周期性脉动,提高系统的稳定性;当密闭容器体积较大时,能改善系统动态特性,提高压力驱动装置的动态响应速度和控制精度。

5.2.3　压力驱动装置闭环特性仿真分析

由压力驱动装置开环调节动态特性可知,增大密闭容器体积并提高液滴形成速度能降低实际驱动压力的脉动幅值,提高系统的稳定性。但是,随着密闭容器体积的增大,压力驱动装置动态响应速度降低,不能实现驱动压力的快速调节。同时,对于压力驱动装置开环调节,当密闭容器体积较小时,在液滴形成过程中,液滴形成引起压力脉动,使得实际驱动压力存在周期性脉动,且脉动幅值较大,不能满足压力驱动装置的控制精度要求。

因此,为了消除实际驱动压力与设定驱动压力的稳态误差,提高实际驱动压力的动态响应速度和调节精度,需要搭建压力驱动装置的闭环调节系统。同时,在闭环调节系统中,采用 PI 控制算法并选取合适的 PI 控制参数可以降低实际驱动压力的脉动幅值,消除实际驱动压力与设定驱动压力的稳态误差,改善压力驱动装置的动态调节性能。压力驱动装置的闭环调节原理图如图 5.13 所示。

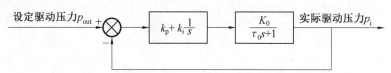

图 5.13　压力驱动装置的闭环调节原理图

其中,PI 控制算法的传递函数可表示为

$$F(s) = k_p + k_i \frac{1}{s} \tag{5.5}$$

密闭容器体积较小时(1 mL、2 mL、5 mL),选取不同的 PI 控制参数进行压力驱动装置闭环调节动态特性仿真分析,与压力驱动装置开环调节动态特性比较,并分析 PI 控制参数对闭环系统动态特性的影响。压力驱动装置闭环调节的传递函数可表示为

$$G(s) = \frac{K_0 k_p s + K_0 k_i}{\tau_0 s^2 + (1 + K_0 k_p) s + K_0 k_i} \tag{5.6}$$

基于 Matlab Simulink 仿真平台搭建压力驱动装置的闭环调节仿真模型。首先,选取密闭容器体积 $V_0 = 1$ mL,当液滴形成速度较慢时(1 s^{-1}、2 s^{-1}),选取合适的 PI 控制参数,即 $k_p = 0.1$、$k_i = 1.0$,进行压力驱动装置闭环调节动态特性仿真分析,并与压力驱动装置开环调节动态特性比较,压力驱动装置开环和闭环调节的阶跃响应特性如图 5.14 所示。同时,选取密闭容器体积 $V_0 = 2$ mL,当液滴形成速度较慢时(1 s^{-1}、2 s^{-1}),选取合适的 PI 控制参数,即 $k_p = 0.1$、$k_i = 1.0$,进行压力驱动装置闭环调节动态特性仿真分析,并与压力驱动装置开环调节动态特性比较,压力驱动装置开环和闭环调节的阶跃响应特性

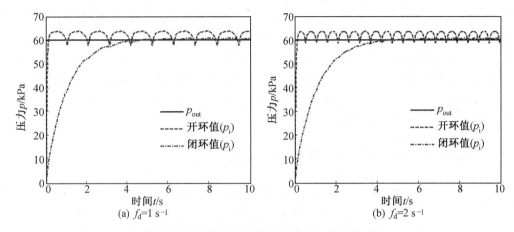

图 5.14　压力驱动装置开环和闭环调节的阶跃响应特性（$V_0 = 1$ mL）

如图 5.15 所示。

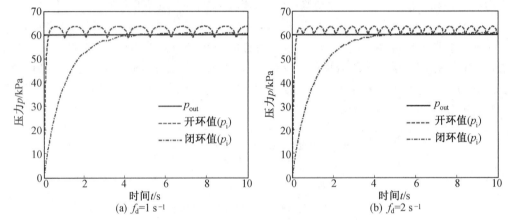

图 5.15　压力驱动装置开环和闭环调节的阶跃响应特性（$V_0 = 2$ mL）

　　选取密闭容器体积 $V_0 = 5$ mL，当液滴形成速度较慢时（1 s^{-1}、2 s^{-1}），选取合适的 PI 控制参数，即 $k_p = 0.1$、$k_i = 1.0$，进行压力驱动装置闭环调节动态特性仿真分析，并与压力驱动装置开环调节动态特性比较，压力驱动装置开环和闭环调节的阶跃响应特性如图 5.16 所示。

　　由仿真结果可知，当密闭容器体积较小时，搭建压力驱动装置闭环调节系统，与压力驱动装置开环调节比较，可以降低液滴形成过程引起实际驱动压力的脉动幅值，并提高系统动态调节的稳定性和精确性。本书将 PI 控制算法引入闭环控制系统，其中，PI 控制参数的选取对液滴形成过程引起实际驱动压力的脉动幅值具有重要影响。因此，合理选取 PI 控制参数可以更好地抑制液滴形成过程引起的压力脉动。

　　对于压力驱动装置闭环调节，根据压力驱动装置的闭环传递函数，可以得到实际驱动压力脉动幅值 Δp_i 与液滴形成压力脉动幅值 Δp_{drop} 之比：

$$\frac{\Delta p_i}{\Delta p_{drop}} = \sqrt{\frac{4\pi^2 f_d^2 K_0^2 k_p^2 + K_0^2 k_i^2}{4\pi^2 f_d^2 (1 + K_0 k_p)^2 + (K_0 k_i - 4\pi^2 \tau_0 f_d^2)^2}} \tag{5.7}$$

本书对于较小的密闭容器体积（1 mL、2 mL、5 mL），将压力驱动装置开环和闭环调

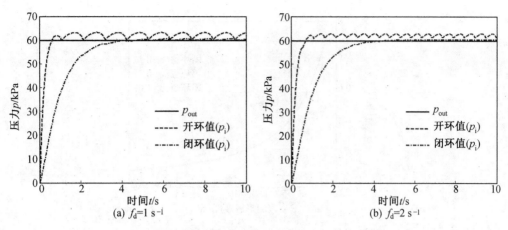

图 5.16　压力驱动装置开环和闭环调节的阶跃响应特性($V_0 = 5$ mL)

节的压力脉动幅值进行比较,进一步验证采用闭环调节方法对液滴形成过程引起的压力脉动具有较好的抑制效果。

选取密闭容器体积 $V_0 = 1$ mL,PI 控制参数分别为 $k_p = 0.1$、$k_i = 1.0$;$k_p = 0.5$、$k_i = 1.0$;$k_p = 1.0$、$k_i = 1.0$,由式(5.7)计算压力驱动装置闭环调节压力脉动幅值,并与开环调节压力脉动幅值比较,压力驱动装置开环和闭环调节实际驱动压力脉动幅值比较如图 5.17 所示。

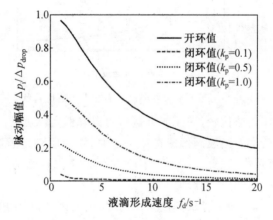

图 5.17　压力驱动装置开环和闭环调节实际驱动压力脉动幅值比较($V_0 = 1$ mL)(彩图见附录)

选取密闭容器体积 $V_0 = 2$ mL,PI 控制参数分别为 $k_p = 0.1$、$k_i = 1.0$;$k_p = 0.5$、$k_i = 1.0$;$k_p = 1.0$、$k_i = 1.0$,由式(5.7)计算压力驱动装置闭环调节压力脉动幅值,并与开环调节压力脉动幅值比较,压力驱动装置开环和闭环调节实际驱动压力脉动幅值比较如图 5.18 所示。

选取密闭容器体积 $V_0 = 5$ mL,PI 控制参数分别为 $k_p = 0.1$、$k_i = 1.0$;$k_p = 0.5$、$k_i = 1.0$;$k_p = 1.0$、$k_i = 1.0$,由式(5.7)计算压力驱动装置闭环调节压力脉动幅值,并与开环调节压力脉动幅值比较,压力驱动装置开环和闭环调节实际驱动压力脉动幅值比较如图 5.19 所示。

由仿真结果可知,压力驱动装置开环和闭环调节压力脉动幅值均随着液滴形成速度

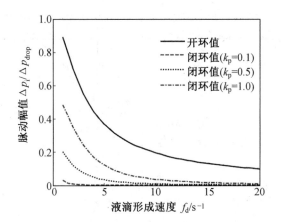

图 5.18　压力驱动装置开环和闭环调节实际驱动压力脉动幅值比较($V_0 = 2$ mL)（彩图见附录）

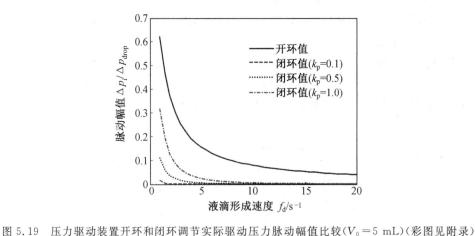

图 5.19　压力驱动装置开环和闭环调节实际驱动压力脉动幅值比较($V_0 = 5$ mL)（彩图见附录）

的增大而减小。与开环调节比较，采用闭环调节可以降低实际驱动压力的脉动幅值，提高压力驱动装置的控制精度。当液滴形成速度一定时，压力驱动装置闭环调节的压力脉动幅值随着 k_p 的增大而减小，因此，采用 PI 控制算法并选取合适的 PI 控制参数可以更好地抑制液滴形成过程引起的压力脉动。

　　对于压力驱动装置，当液滴形成速度一定时，增大密闭容器体积能降低实际驱动压力的脉动幅值，同时实际驱动压力动态响应速度减小，系统快速响应特性变差。对于密闭容器积较大时(10 mL、20 mL、40 mL)，为提高压力驱动装置的动态响应速度和控制精度，选取不同的 PI 控制参数，进行压力驱动装置闭环调节动态特性仿真分析，并分析 PI 控制参数对闭环系统动态特性的影响，不同 PI 控制参数对实际驱动压力阶跃响应特性的影响如图 5.20 所示。其中，PI 控制参数分别为 $k_p = 1.0$、$k_i = 1.0$；$k_p = 1.0$、$k_i = 2.0$；$k_p = 1.0$、$k_i = 3.0$。

　　由仿真结果可知，采用 PI 控制算法搭建闭环系统并选取合适的 PI 控制参数，系统达到稳态时，实际驱动压力 p_i 与设定驱动压力 p_{out} 保持一致，稳态误差为零。对于 PI 控制算法，k_p 恒定，随着 k_i 的增大，实际驱动压力 p_i 上升时间变短，当 k_i 较大时，p_i 出现一定超调，且超调量随着 k_i 的增大而增大。同时，对于给定的 PI 控制参数，在动态响应过程中,p_i 超调量随着密闭容器体积的增大而增大。因此,在满足液体流量供给的前提下,减小密闭容器体积并选取合适的 PI 控制参数($k_p = 1.0$、$k_i = 1.0$)可以减小动态响应过程中实际驱动压力的超调量,提高压力驱动装置闭环调节的动态响应速度、控制精度和稳定性。

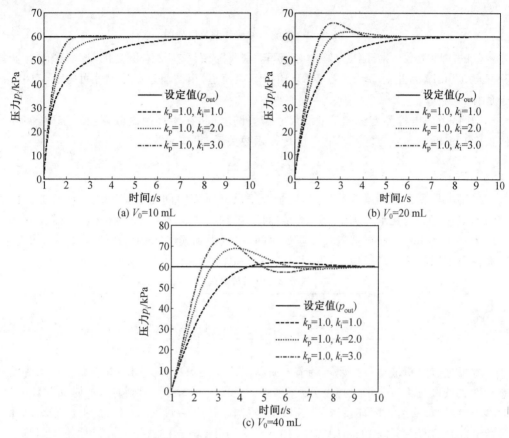

图 5.20　不同 PI 控制参数对实际驱动压力阶跃响应特性的影响(彩图见附录)

5.3　电检测闭环液滴微流控系统动态特性仿真分析

本书通过设计微小电容传感器可以在线测量液滴尺寸并反馈调节,实现液滴尺寸的闭环控制。下面基于压力驱动装置的动态数学模型和液滴尺寸的电检测方法进行闭环液滴微流控系统动态特性的仿真分析,为搭建闭环液滴微流控系统提供理论指导。

T 型微流道中,采用电检测方法可以实时测量微流道中形成液滴的长度,并与设定液滴长度比较,通过改变压力驱动装置的实际驱动压力,实现液滴尺寸的闭环调节。同时,在闭环系统中,采用 PI 控制算法并选取合适的 PI 控制参数可以消除实际液滴长度与设定液滴长度之间的稳态误差,改善液滴尺寸闭环调节的动态特性,液滴尺寸闭环调节原理图如图 5.21 所示。

图 5.21 中,τ_0 为压力驱动装置一阶传递函数的时间常数,τ_1 为 PDMS 微流道一阶传

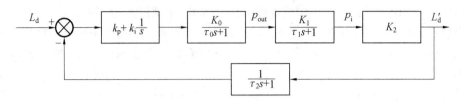

图 5.21　液滴尺寸闭环调节原理图

递函数的时间常数。对于压力驱动装置,τ_0 主要随密闭容器体积变化,本书密闭容器体积 $V_0 \geqslant 10$ mL,因此,$\tau_0 \geqslant 0.4$ s。对于 PDMS 微流道,由微流道结构尺寸可得 $\tau_1 \approx 10$ ms,于是有 $\tau_1 \ll \tau_0$。

同时,考虑电检测方法测量液滴尺寸需要的时间,在闭环液滴微流控系统中,实际液滴长度与实际驱动压力之间具有一阶传递函数关系,可表示为

$$\frac{L'_d(s)}{p_i(s)} = \frac{K_2}{\tau_2 s + 1} \tag{5.8}$$

采用电检测方法测量液滴尺寸,测量液滴尺寸所需时间与液滴形成速度有关。由于液滴形成速度的变化范围为 $1 \sim 20$ s^{-1},因此,电检测方法测量单个液滴尺寸需要的测量时间为 $0.1 \sim 1.0$ s。根据液滴尺寸测量时间,可以得到式(5.8)中的时间常数 τ_2,仿真中,选取三组不同的液滴形成速度,得到对应的时间常数,时间常数选取见表 5.3。

表 5.3　时间常数选取

f_d / s^{-1}	20	10	5
τ_2 / s	0.05	0.1	0.2

本书通过分析液滴尺寸闭环调节的阶跃响应特性可以得到闭环液滴微流控系统的动态特性。选取三组液滴形成速度分别为 20 s^{-1}、10 s^{-1}、5 s^{-1},得到对应的时间常数 τ_2,同时将 PI 控制算法引入闭环系统,并选取 PI 控制参数 $k_p = 1.0$、$k_i = 1.0$。根据液滴尺寸闭环调节原理,对不同体积的密闭容器(10 mL、20 mL、40 mL)进行液滴尺寸闭环调节动态特性仿真分析,得到不同液滴形成速度对应的液滴尺寸闭环调节阶跃特性,分析液滴形成速度、密闭容器体积对液滴尺寸动态响应速度和超调量的影响,不同液滴形成速度对液滴尺寸闭环调节阶跃响应特性的影响如图 5.22 所示。

由仿真结果可知,给设定液滴长度 L_d 输入阶跃信号,采用 PI 控制算法并选取合适的 PI 控制参数,当闭环系统达到稳态时,实际液滴长度与设定液滴长度保持一致。因此,采用 PI 控制算法可以消除液滴尺寸开环调节的稳态误差,提高液滴尺寸的控制精度。密闭容器体积一定时,减小液滴形成速度,实际液滴长度在动态响应过程中开始产生超调,且超调量随着液滴形成速度的减小而增大。同时,当液滴形成速度一定时,在动态响应过程中,实际液滴长度超调量随着密闭容器体积的增大而增大。因此,在满足液体流量供给的前提下,选取较小体积的密闭容器和较大的液滴形成速度可以减小系统动态响应过程中液滴尺寸的超调量,提高液滴尺寸闭环调节的动态响应速度及控制精度。

由压力驱动装置和闭环液滴微流控系统动态特性的仿真结果可知,增大密闭容器体积可以抑制液滴形成引起的压力脉动以及该压力脉动对闭环液滴微流控系统动态特性和控制

精度的影响。同时,在满足液体流量供给的前提下,减小密闭容器体积并增大液滴形成速度可以提高系统的动态响应速度及控制精度。基于上述仿真分析结果,在后续试验研究中,搭建电检测闭环液滴微流控系统并进行试验测试时,选取密闭容器体积 $V_0=10$ mL。

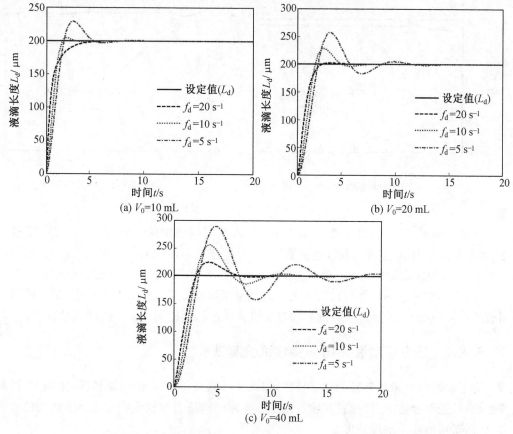

图 5.22　不同液滴形成速度对液滴尺寸闭环调节阶跃响应特性的影响(彩图见附录)

5.4　压力驱动装置动态特性试验测试

为验证仿真分析结果,本书分别测试压力驱动装置开环控制和闭环控制的动态特性,并由试验结果得到压力驱动装置的动态响应速度、控制精度等性能参数。试验中,将 PI 控制算法引入闭环控制系统,并比较不同的 PI 控制参数对压力驱动装置动态特性的影响。由压力驱动装置开环调节动态特性仿真分析可知,密闭容器体积和液滴形成速度在可选范围内变化,在液滴形成过程中,能降低实际驱动压力的脉动幅值,提高实际驱动压力的动态响应速度和控制精度。试验中,选取压力驱动装置密闭容器的体积 $V_0=10$ mL。

5.4.1　压力驱动装置开环特性试验测试

为了测试压力驱动装置开环调节的动态特性,给密闭容器设定驱动压力 p_{out} 输入阶跃信号,测量密闭容器实际驱动压力 p_i 随时间的变化,这里 p_{out} 选取两种不同的阶跃幅值 (幅值分别为 40 kPa、60 kPa),压力驱动装置开环调节的阶跃响应特性如图 5.23 所示。

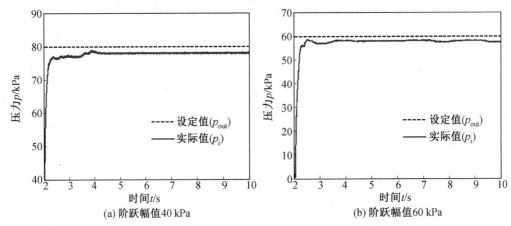

(a) 阶跃幅值40 kPa　　　　　　　　　(b) 阶跃幅值60 kPa

图 5.23　压力驱动装置开环调节的阶跃响应特性

由试验结果可知,给设定驱动压力 p_{out} 输入不同幅值的阶跃信号,在动态响应过程中,实际驱动压力 p_i 上升时间保持一致,且上升过程中不存在超调。到达稳态时,实际驱动压力 p_i 与设定驱动压力 p_{out} 存在一定的差值,稳态误差 $\Delta \approx 4\%$。因此,由试验结果可知,压力驱动装置开环特性可以简化为一阶传递函数模型。其中,由试验测得的一阶传递函数系数 $\tau_0 \approx 0.45$、$K_0 \approx 0.96$,该系数与密闭容器体积及比例阀调节精度等参数相关。

5.4.2　压力驱动装置闭环特性试验测试

为了改善压力驱动装置的动态特性,提高实际驱动压力 p_i 的控制精度,采用 PI 控制算法,通过选取合适的 PI 控制参数可以消除实际驱动压力与设定驱动压力之间的稳态误差,提高系统的动态响应速度。

对给定体积的密闭容器($V_0 = 10$ mL),选取 PI 控制参数 $k_p = 1.0$、$k_i = 1.0$,给设定驱动压力 p_{out} 输入不同幅值的阶跃信号(幅值分别为 40 kPa、60 kPa)进行压力驱动装置闭环调节的动态特性试验测试,并与开环调节的动态特性比较,压力驱动装置开环和闭环调节的阶跃响应特性如图 5.24 所示。

由试验结果可知,给设定驱动压力 p_{out} 输入不同幅值的阶跃信号,采用 PI 控制算法并选取合适的 PI 控制参数,当系统达到稳态时,实际驱动压力 p_i 与设定驱动压力 p_{out} 保持一致,稳态误差近似为零。因此,采用 PI 控制算法可以消除系统开环调节的稳态误差,提高 p_i 的控制精度。

同时,为了分析不同 PI 控制参数压力驱动装置闭环调节特性的影响,并与仿真分析结果比较,本书选取不同的 PI 控制参数,分别测试压力驱动装置闭环调节的动态特性。图 5.25 所示为 k_p 恒定、k_i 不同,给设定驱动压力输入幅值一定的阶跃信号,测试得到实际驱动压力 p_i 的阶跃响应曲线。

由试验结果可知,将 PI 控制算法引入闭环系统,在选取 PI 控制参数时,保持 k_p 恒定,随着 k_i 的增大,实际驱动压力 p_i 的上升时间变短,系统的动态响应速度变快。同时,

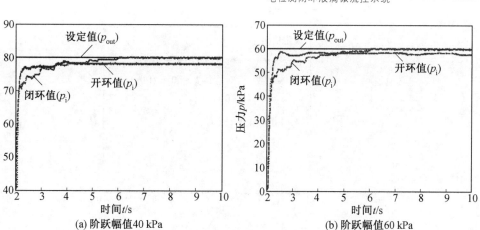

图 5.24　压力驱动装置开环和闭环调节的阶跃响应特性（彩图见附录）

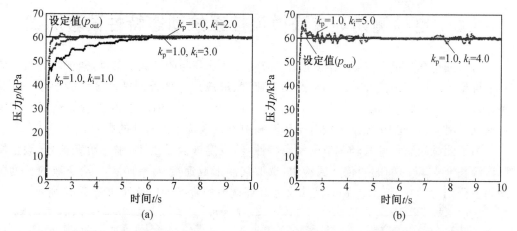

图 5.25　不同 PI 控制参数对实际驱动压力阶跃响应特性的影响（k_p 恒定）（彩图见附录）

在动态响应过程中，p_i 开始出现一定的超调，且随着 k_i 的增大，p_i 超调量明显增大，当系统达到稳态时，实际驱动压力 p_i 与设定驱动压力 p_{out} 均保持一致。由仿真分析和试验测试结果可知，随着 k_i 的增大，系统的动态响应速度变快，同时，在动态响应过程中，p_i 的超调量也会变大。因此，选取合适的 PI 控制参数可以减小驱动压力的超调量，提高驱动压力的动态响应速度和控制精度。

　　同样的，保持 k_i 恒定，通过改变 k_p 测试实际驱动压力 p_i 的阶跃响应曲线，不同 PI 控制参数对实际驱动压力阶跃响应特性的影响如图 5.26 所示。由图中试验结果可知，保持 k_i 恒定，随着 k_p 的增大，实际驱动压力 p_i 的上升时间变短，系统的动态响应速度变快。因此，增大 k_p 可以提高系统的动态响应速度。不过，当 $k_p \geqslant 5.0$ 时，在动态响应过程中，p_i 开始产生周期性振荡，该周期性振荡会破坏闭环系统的稳定性，降低 p_i 的控制精度。

　　由以上试验测试结果可知，对于压力驱动装置，将 PI 控制算法引入闭环系统并选取合适的 PI 控制参数能改善压力驱动装置闭环调节的动态特性，提高实际驱动压力 p_i 的调节精度。采用该压力驱动装置作为液滴微流控系统的流量调节元件可以实现稳定的液体流量供给，同时液体流量响应速度快、调节精度高。

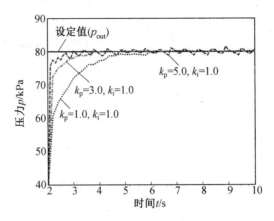

图 5.26　不同 PI 控制参数对实际驱动压力阶跃响应特性的影响(k_i 恒定)

5.5　电检测闭环液滴微流控系统动态特性试验测试

为验证仿真分析结果,本书分别测试液滴尺寸开环与闭环调节的动态特性,并由试验结果得到闭环液滴微流控系统的动态响应速度、液滴尺寸的控制精度等性能参数。试验中,选取压力驱动装置密闭容器的体积 $L_{rms}/\langle L_d \rangle \approx 0.005$ mL,将 PI 控制算法引入该闭环系统,并比较不同 PI 控制参数对闭环液滴微流控系统动态特性的影响。

为了测试液滴尺寸开环调节的动态特性,给设定液滴长度 L_d 输入阶跃信号,测量实际液滴长度 L_d' 随时间的变化。试验中,选取液滴形成速度 $f_d = 10$ s^{-1},给定液滴长度阶跃幅值分别为 100 μm、200 μm,液滴尺寸开环调节的阶跃响应特性如图 5.27 所示。

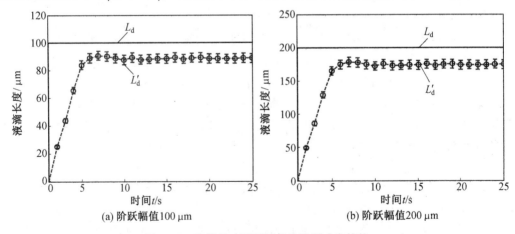

(a) 阶跃幅值100 μm　　　　　　　　(b) 阶跃幅值200 μm

图 5.27　液滴尺寸开环调节的阶跃响应特性

由试验结果可知,给设定液滴长度 L_d 输入不同幅值的阶跃信号,在动态响应过程中,实际液滴长度 L_d' 上升时间保持一致,且上升过程中不存在超调。达到稳态时,实际液滴长度 L_d' 与设定液滴长度 L_d 存在一定的差值,该差值大小与 L_d' 的阶跃幅值有关。因此,采用开环调节液滴尺寸实际液滴长度与设定液滴长度的差值较大,不能实现液滴尺寸的精确控制。

　　为了消除实际液滴长度与设定液滴长度的稳态误差,提高液滴长度的控制精度,需要采用电检测方法在线测量液滴长度,实现液滴尺寸闭环调节。试验中,选取液滴形成速度 $f_d = 10\ s^{-1}$,PI 控制参数 $k_p = 1.0$、$k_i = 1.0$。给液滴长度 L_d 输入不同幅值的阶跃信号(阶跃幅值分别为 $100\ \mu m$、$200\ \mu m$)进行液滴尺寸闭环调节的动态特性试验测试,并与液滴尺寸开环调节的动态特性比较,液滴尺寸开环和闭环调节的阶跃响应特性如图 5.28 所示。由试验结果可知,给设定液滴长度 L_d 输入不同幅值的阶跃信号,采用 PI 控制算法搭建闭环系统并选取合适的 PI 控制参数,当系统达到稳态时,实际液滴长度 L_d' 与设定液滴长度 L_d 保持一致,稳态误差近似为零。因此,采用 PI 控制算法并合理选取 PI 控制参数可以消除液滴尺寸开环调节的稳态误差,提高液滴尺寸的控制精度。

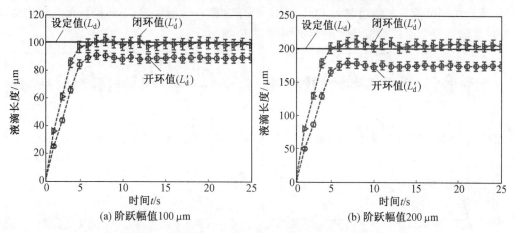

图 5.28　液滴尺寸开环和闭环调节的阶跃响应特性

　　对于液滴尺寸闭环调节,给定液滴长度阶跃幅值分别为 $100\ \mu m$、$200\ \mu m$。当液滴长度达到稳定值时,给闭环系统输入微小的压力扰动,测量实际液滴长度 L_d' 随时间的变化。通过试验测试得到液滴尺寸闭环调节时,外界压力扰动对闭环系统动态调节特性的影响,并与液滴尺寸开环调节的动态特性比较,外界压力扰动对液滴尺寸开环和闭环调节动态特性的影响如图 5.29 所示。

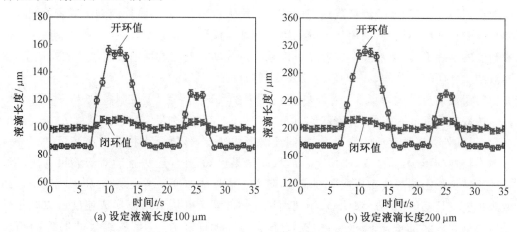

图 5.29　外界压力扰动对液滴尺寸开环和闭环调节动态特性的影响

　　由试验结果可知，液滴尺寸开环调节时，外界微小的压力扰动会引起液滴长度改变，且变化幅值较大；液滴尺寸闭环调节时，外界微小的压力扰动也会引起液滴长度改变，但变化幅值较小。与液滴尺寸开环调节比较，闭环调节可以减小外界压力扰动引起的液滴长度变化幅值，提高系统的抗干扰能力。因此，采用液滴尺寸闭环调节可以降低外界压力扰动对液滴尺寸闭环调节动态特性影响，提高液滴尺寸的稳定性，实现液滴尺寸的精确控制。

　　同时，为了分析不同液滴形成速度对液滴尺寸闭环调节动态特性的影响，并与仿真分析结果比较，试验中，选取三组液滴形成速度，分别为 $20\ s^{-1}$、$10\ s^{-1}$、$5\ s^{-1}$，同时，采用 PI 控制算法并选取 PI 控制参数 $k_p=1.0$、$k_i=1.0$。给设定液滴长度输入不同幅值的阶跃信号，比较不同液滴形成速度对液滴尺寸闭环调节动态特性的影响，不同液滴形成速度对液滴尺寸闭环调节阶跃响应特性的影响如图 5.30 所示。

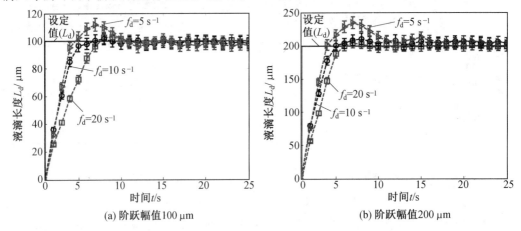

图 5.30　不同液滴形成速度对液滴尺寸闭环调节阶跃响应特性的影响

　　由试验结果可知，对于液滴尺寸闭环调节，采用 PI 控制算法并选取合适的 PI 控制参数，实际液滴长度与设定液滴长度保持一致。密闭容器体积一定时，给设定液滴长度输入不同幅值的阶跃信号，随着液滴形成速度的减小，实际液滴长度在动态响应过程中开始产生超调，且超调量随着液滴形成速度的减小而增大。因此，采用电检测方法测量液滴尺寸实现液滴尺寸闭环调节，该闭环系统的动态特性与液滴形成速度有关，在满足液滴尺寸测量精度的前提下，增大液滴形成速度可以减小系统动态响应过程中液滴尺寸的超调量，提高液滴尺寸闭环调节的动态响应速度及控制精度。

　　对于液滴尺寸闭环调节，当外界存在压力扰动时，给定 PI 控制参数 $k_p=1.0$、$k_i=1.0$，选取不同的液滴形成速度（$20\ s^{-1}$、$10\ s^{-1}$、$5\ s^{-1}$）分别测量实际液滴长度 L'_d 随时间的变化，得到外界压力扰动的作用下，不同液滴形成速度，外界压力扰动对液滴尺寸闭环调节动态特性的影响，如图 5.31 所示。由试验结果可知，外界压力扰动对液滴尺寸闭环调节动态特性的影响与液滴形成速度有关，随着液滴形成速度的增大，外界压力扰动引起的液滴长度变化幅值变小。因此，采用液滴尺寸闭环调节并增大液滴形成速度可以减小外界压力扰动引起的液滴尺寸变化，提高系统的抗干扰能力，满足液滴尺寸的控制精度要求。

分析以上试验结果可知,对于闭环液滴微流控系统采用电检测方法在线测量液滴长度,同时,将 PI 控制算法引入闭环系统并选取合适的 PI 控制参数可以改善液滴尺寸闭环调节的动态特性,减小外界压力扰动引起的液滴尺寸变化,提高液滴尺寸的动态响应速度和控制精度。因此,本书搭建的电检测闭环液滴微流控系统可以降低液滴尺寸的不一致性,实现液滴尺寸的准确测量和精确控制,对推动液滴微流控系统在材料、化学、生物及医学等多个学科的应用研究,促进交叉学科的发展,具有重要意义。

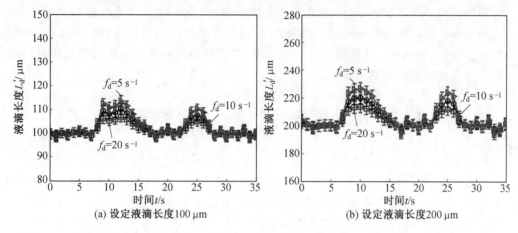

(a) 设定液滴长度100 μm   (b) 设定液滴长度200 μm

图 5.31　不同液滴形成速度,外界压力扰动对液滴尺寸闭环调节动态特性的影响(彩图见附录)

第 6 章

皮升级液滴数字 PCR

目前,新型冠状病毒感染肺炎疫情在全球蔓延,严重影响了全球经济发展和社会稳定。研究新型冠状病毒核酸定量检测的原理,可以提高新型冠状病毒核酸定量检测的灵敏度和准确度,实现病毒核酸的精确定量检测,对于准确判断新型冠状病毒感染者,控制疫情进一步扩散和爆发意义重大。

6.1 皮升级液滴数字 PCR 系统组成

聚合酶链式反应(Polymerase Chain Reaction,PCR)是一种用于放大扩增特定 DNA 片段的分子生物学技术。数字 PCR 是在荧光定量 PCR 之后发展起来的核酸分子绝对定量检测技术,把核酸样本溶液分散到大量独立的微反应单元中进行 PCR 扩增。待 PCR 扩增结束以后,对阳性单元数和阴性单元数进行统计分析,实现病毒核酸的绝对定量分析与检测。与荧光定量 PCR 比较,数字 PCR 不依赖标准曲线,具有更高的检测灵敏度和准确度,可以对病毒核酸样品进行精确定量检测。随着液滴微流控技术的发展,设计液滴形成装置并建立皮升级液滴数字 PCR 系统,在病毒核酸检测和病毒基因突变检测等生物医学领域具有重要的应用前景。将液滴微流控系统与病毒核酸定量检测相结合,能够建立皮升级液滴数字 PCR 系统,在微流控芯片内实现病毒核酸的绝对定量分析与检测。与荧光定量 PCR 系统比较,皮升级液滴数字 PCR 系统主要具有以下优点:①不依赖参考曲线,可实现病毒核酸的绝对定量分析与检测;②病毒核酸定量检测具有较高的灵敏度和准确度;③病毒核酸检测结果出现假阴性的比例较低。

6.2 皮升级液滴数字 PCR 核酸检测原理

皮升级液滴数字 PCR 是一种核酸定量分析的新兴技术手段,是将含有核酸模板的 PCR 分配到大量的液滴反应单元中进行核酸扩增,反应完成后,利用可检测荧光进行统计学计数,从而定量分析样本中核酸浓度的一种方法。皮升级液滴数字 PCR 不需要建立标准曲线,皮升级液滴数字 PCR 检测方法具有高灵敏度、准确性、特异性和临床适用性,在病毒核酸检测等生物医学领域具有重要的应用前景。皮升级液滴数字 PCR 核酸扩增原理如图 6.1 所示,皮升级液滴数字 PCR 核酸检测过程如图 6.2 所示。

理想状态下,当待测样品的核酸浓度被充分稀释以后,样品溶液被分散到大量的反应单元中,每个反应单元所含有的核酸分子数最多只有一个,这种条件下,可对阳性反应单元的数目进行统计,直接确定核酸分子的起始数目。不过,当测定高浓度模板时,部分反应单元中含有不止一个核酸分子,大量核酸分子在反应单元中的随机分布情况符合泊松

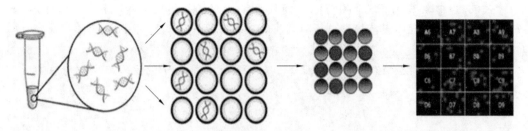

图 6.1　皮升级液滴数字 PCR 核酸扩增原理

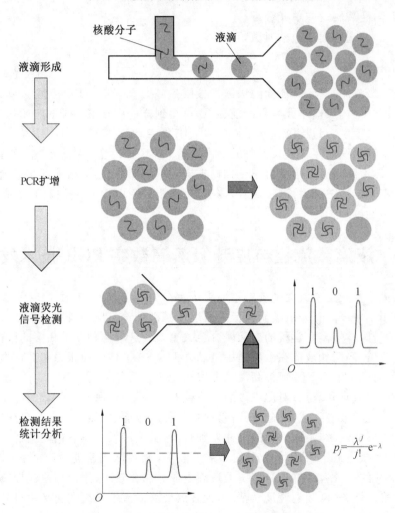

图 6.2　皮升级液滴数字 PCR 核酸检测过程

分布。因此,基于泊松分布概率公式,可以计算核酸分子的绝对浓度,具体表达式如下:

$$p(x=j)=\frac{\lambda^{j}}{j!}\mathrm{e}^{-\lambda} \tag{6.1}$$

式中　λ——模板分子在每个反应单元中的平均拷贝数;

　　　p——反应单元中含有 k 拷贝核酸分子的概率。

式(6.1)中,λ 相当于样品中 DNA 模板分子的起始拷贝数 c 稀释 m 倍,$\lambda = cm$。当 $k=0$ 时,即反应单元中没有核酸分子时,式(6.1)可以简化为

$$p(x=0) = e^{-\lambda} = e^{-cm} \tag{6.2}$$

当反应单元中没有核酸分子时,概率 p 应等于无核酸分子的反应单元数与总的反应单元数的比值,因此,可以建立等式:

$$e^{-\lambda} = \frac{n-b}{n} \tag{6.3}$$

式中　　n——液滴反应单元总数;

　　　　b——阳性液滴反应单元数量。

将式(6.3)两边同时取自然对数,可得

$$\lambda = -\ln\frac{n-b}{n} \tag{6.4}$$

采用皮升级液滴数字 PCR 检测法进行核酸定量分析,在已知反应液滴单元总数、稀释倍数以及阳性液滴反应单元数目的前提下,可得到样品中核酸分子的起始拷贝数,实现核酸分子起始浓度的定量检测。基于皮升级液滴数字 PCR 检测法检测病毒核酸,待测物原始浓度的定量检测既不依赖校准物的标准曲线,也不受扩增效率的影响。因此,皮升级液滴数字 PCR 检测法可以避免由于校准物扩增效率的差异,检测结果存在不确定性与不精确性。与荧光定量 PCR 检测法比较,皮升级液滴数字 PCR 检测法具有更高的核酸检测灵敏度和精确度。

6.3　液滴微流控与皮升级液滴数字 PCR 技术发展

液滴微流控系统是微流控系统的重要组成部分,在化学、材料、生物以及医学等多个学科领域应用十分广泛。开展液滴微流控系统的基础理论与应用研究,对于流体力学、材料学、生物学与医学等多个学科的交叉融合至关重要。选取两种互不相溶的液体,设计特定结构的微流道,当两相液体在微流道中流动并汇合,在液体表面张力和剪切力的共同作用下,可以形成微小液滴。如何提高液滴形成的稳定性和液滴尺寸的控制精度是液滴微流控系统研究的重点和难点,对促进液滴微流控系统在生物、医学等领域的应用研究具有重要意义。传统的液滴生成方法主要有喷墨打印形成液滴、机械振动与分离形成液滴等。采用上述方法形成液滴,不同液滴的尺寸差别较大,且液滴尺寸难以精确调节。基于液滴微流控系统,在微流道中可以形成离散的微小液滴,液滴形成速度最高能达到每秒上万个,且液滴尺寸的一致性较好。与传统的液滴生成方法比较,采用液滴微流控技术可提高液滴形成的稳定性、速度和液滴尺寸精度,为开展液滴微流控系统在交叉学科领域的应用研究提供重要的技术保障。

目前,液滴微流控系统采用的微流道结构主要有两种:T 型微流道和聚集型微流道。两种微流道结构的液滴形成原理如图 6.3 所示。其中,T 型微流道结构简单且只有两路液体流入,形成离散的微小液滴需要的流量调节元件的数量较少。但是,T 型微流道具有非对称结构,在液滴形成过程中会引起微流道局部的压力脉动,使得液滴尺寸出现周期性脉动,影响液滴形成的稳定性和液滴尺寸的一致性,T 型微流道液滴尺寸周期性脉动的试验结果如图 6.4 所示。与 T 型微流道比较,聚集型微流道具有对称结构,采用聚集型微

流道形成液滴能抑制液滴形成过程中引起的微流道局部压力脉动,提高液滴形成的稳定性和液滴尺寸的一致性。

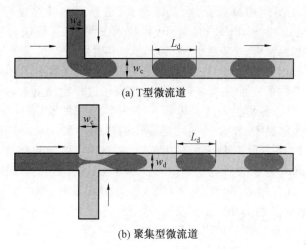

(a) T型微流道

(b) 聚集型微流道

图 6.3　两种微流道结构的液滴形成原理

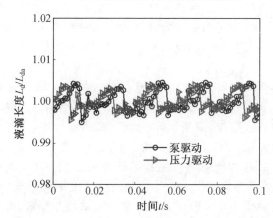

图 6.4　T 型微流道液滴尺寸周期性脉动的试验结果

　　采用 T 型微流道形成液滴,液滴形成状态主要取决于毛细管数,当毛细管数较小时($C_a \leqslant 0.1$),液滴形成为挤压状态;当毛细管数较大时($C_a > 0.1$),液滴形成为喷射状态。在毛细管数较小时,液滴尺寸与两相液体流量比之间具有较好的线性关系,且线性系数主要取决于 T 型微流道的结构参数,与两相液体界面强度和液体黏度无关。为了提高液滴形成的稳定性,国内外研究人员设计特定结构的聚集型微流道,开展液滴形成的试验研究。采用聚集型微流道形成液滴,通过试验测试,发现液滴尺寸与两相液体流量比之间具有非线性关系。同时,液滴尺寸与聚集型微流道的结构尺寸、两相液体界面强度及液体黏度均相关。关于聚集型微流道的液滴形成机理,目前,国内外理论研究还不够深入,大多数液滴形成理论属于定性分析。采用聚集型微流道形成液滴,由于液滴尺寸与两相液体流量比之间存在非线性关系,对于不同的液滴形成状态,液滴尺寸很难精确计算。因此,研究聚集型微流道的液滴形成规律需要建立液滴形成机理和数学模型,并定量分析液滴尺寸随微流道结构参数、两相液体界面强度及液体黏度的变化规律。此外,研究皮升级液滴的形成机理与数学模型,并提高皮升级液滴形成的稳定性,对于开展液滴微流控系统在生物、医学等多学科领域的应用研究具有重要意义。

PCR 技术是一种用于放大扩增特定 DNA 片段的分子生物学技术，于 20 世纪 80 年代提出。PCR 技术主要经历高温变性、低温退火、适温延伸等热循环反应，使得待检测 DNA 呈现指数级增长，实现 PCR 扩增。PCR 技术发明以后，很快得到了广大科技工作者的普遍认可，为生物、医学等领域的基础理论与应用研究提供了重要的技术支持。从 1985 年至今，PCR 技术主要经历了三次技术革命：第一代 PCR 技术主要采用凝胶电泳方法，完成 PCR 扩增产物的定性分析，该 PCR 技术操作过程比较复杂，在 PCR 扩增反应过程中，待检测 DNA 样品容易引入外界污染，影响检测结果的准确性；第二代 PCR 技术为荧光定量 PCR，荧光定量 PCR 是目前广泛应用的核酸检测技术，与第一代 PCR 技术比较，荧光定量 PCR 扩大了 PCR 技术的应用范围，并在临床医学和食品安全等领域迅速开展应用，荧光定量 PCR 属于相对定量的检测技术，检测过程需要依赖校准物的标准曲线，检测结果会受到 PCR 扩增效率、样品 DNA 浓度等因素影响，难以实现核酸的绝对定量分析与检测，当核酸样品的 DNA 浓度较低时，荧光定量 PCR 检测的灵敏度、分辨率和精确度都将受到限制，核酸检测结果出现假阴性的比例较高；为了克服荧光定量 PCR 技术的缺点，提出了第三代 PCR 技术，即数字 PCR。

数字 PCR 是一种核酸绝对定量检测技术。数字 PCR 需要将待检测样品分散到许多个独立的微小反应单元中，在每个单元内进行 PCR 扩增，待 PCR 扩增结束以后，对每个单元进行荧光信号检测并进行统计分析，计算核酸样品的初始浓度，实现核酸绝对定量检测。关于数字 PCR，国内外研究人员开展了大量的研究工作，但是，早期的数字 PCR 在样品分散的第一步操作就遇到了技术困难，样品分散的数量和均匀度都受到限制。最早的数字 PCR 采用 96/384 孔板进行样品分散，样品消耗量较大且反应单元数量较少，难以达到数字 PCR 的分析精度要求，限制了数字 PCR 技术的应用。近年来，随着微流控技术和微纳加工技术的发展，数字 PCR 突破了样品分散这一技术瓶颈。设计加工特定结构的微流控芯片，在微流控芯片内能够将核酸样品溶液分散到成千上万个反应单元中，完成 PCR 扩增。基于微流控的数字 PCR 技术，样品消耗量较小且反应单元数量较多，可以满足数字 PCR 定量分析对反应单元数的要求。基于微纳加工技术，可以在微流控芯片表面加工成千上万个微反应腔室，采用微阀、微泵等微流控元件将样品溶液输送和分配到微反应腔室，进行 PCR 反应。由于不同微反应腔室之间相互独立，能避免 PCR 反应单元的交叉污染，提高核酸定量检测的准确度。

Zhu 等设计的具有多个平行阵列微反应腔室的微流控芯片如图 6.5 所示。该微流控芯片表面一共有 5 120 个平行阵列的微反应腔室，每个微腔室的体积为 5 nL，利用 PDMS 具有透气性的特点，采用负压驱动将样品溶液输送到微反应腔室进行 PCR 扩增，实现相关基因的定量分析。Shen 等设计了一种微流控滑动芯片，该芯片的结构和工作原理如图 6.6 所示。该滑动芯片由两块紧密接触的玻璃平板组成，在玻璃平板表面加工了微结构，通过上下两块玻璃平板的滑动，形成 1 280 个独立的 PCR 微反应腔室，用于核酸绝对定量检测，每个微反应腔室的体积为 10 nL。目前，基于微反应腔室的数字 PCR 系统需要采用微纳加工技术制作微反应腔室，对加工设备要求较高，并且受到加工尺寸的限制，每个微反应腔室的体积最小能达到 1~2 nL。

由于数字 PCR 技术的检测灵敏度和准确度主要取决于反应单元的数量，反应单元的数量越多，数字 PCR 定量检测精度越高。为了提高反应单元数量并减少待检测样品消耗

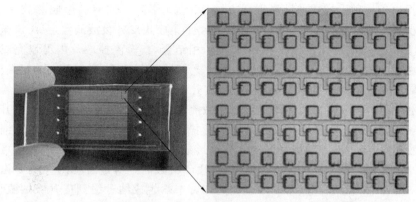

图 6.5　具有多个平行阵列微反应腔室的微流控芯片

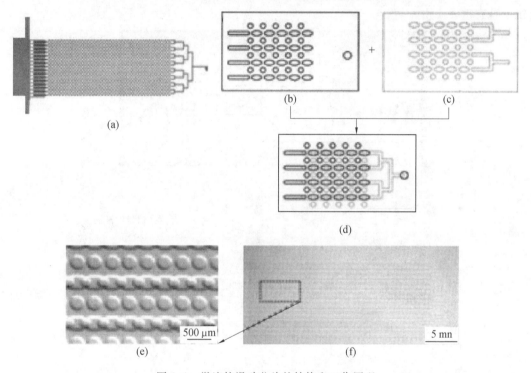

图 6.6　微流控滑动芯片的结构和工作原理

量,需要减小反应单元的体积。为此,研究人员提出了基于液滴的数字 PCR 系统,采用液滴微流控技术,在微流道中可以形成纳升级到皮升级的微小液滴。以液滴为微小反应单元,在液滴内部可以实现纳升级或皮升级的数字 PCR 扩增,通过提高液滴单元数量和液滴尺寸的均匀性可以提高皮升级液滴数字 PCR 系统的检测灵敏度和准确度。Beer 等提出了一种皮升级液滴数字 PCR 系统,该系统采用 T 型微流道结构,在微流控芯片中形成单分散的液滴,同时采用商业 PCR 热循环仪进行 PCR 扩增,利用荧光检测模块,在液滴中成功检测出单个病毒的 DNA 分子。Hatch 等利用光刻技术加工一种液滴微流控芯片,在微流控芯片中能同时完成液滴形成与液滴分裂等操作,该芯片采用特殊的微流道结构,将液滴不断分裂成体积更小的液滴,可以提高皮升级液滴数字 PCR 的反应单元数量。

Dangla 等提出了一种阶梯式的液滴形成方法，并建立了阶梯式液滴形成的数学模型，得到了影响液滴尺寸的主要因素。Schular 等提出了集成式皮升级液滴数字 PCR 微流控装置，该装置将离心微流控技术与数字 PCR 技术相结合，在微流控芯片内可以完成液滴形成与 PCR 扩增等微流控操作，通过读取液滴荧光信号，实现纤维突变基因的定量检测。

近年来，Wang 等设计一种微流控芯片，皮升级液滴数字 PCR 微流控芯片的结构如图 6.7 所示。通过调节两相液体流量可以在微流道中形成上万个液滴，用于皮升级液滴数字 PCR 的定量分析，实现对相关基因的定量检测。Xu 等提出了一种利用毛细管上下振动生成液滴的方法，基于毛细管振动的液滴形成原理如图 6.8 所示。该方法可以形成不同体积的液滴，作为 PCR 扩增的反应单元，用于核酸的绝对定量检测。Li 等设计非对称毛细管结构并采用毛细管嵌套的方式在毛细管末端生成纳升级到皮升级的微小液滴，该方法具有液滴形成速度快、液滴体积可大范围调节等优点，在皮升级液滴数字 PCR 系统中具有重要应用。

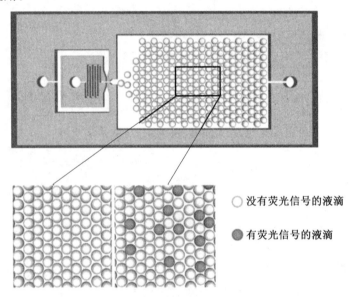

○ 没有荧光信号的液滴

● 有荧光信号的液滴

图 6.7　皮升级液滴数字 PCR 微流控芯片的结构

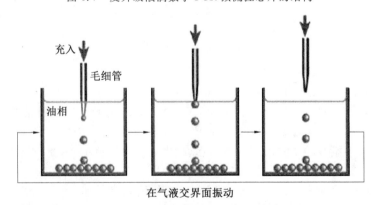

图 6.8　基于毛细管振动的液滴形成原理

Chen 等提出了一种基于毛细管微通道产生液滴的方法，该方法可以在每秒钟生成上万个液滴,提高皮升级液滴数字 PCR 的反应单元数,实现核酸的绝对定量分析。Li 等提出了一种基于微孔阵列的液滴形成方法,在 PDMS 微孔中快速产生微小液滴,用于皮升级液滴数字 PCR 的绝对定量检测。

现有的皮升级液滴数字 PCR 系统在微流道中形成液滴以后,需要将上万个液滴单元转移,才能完成 PCR 扩增和液滴荧光信号检测。在液滴转移过程中,液滴与液滴相互融合,导致液滴单元数减少,且液滴之间容易产生交叉污染,影响皮升级液滴数字 PCR 定量检测的灵敏度和准确度。

本书提出的皮升级液滴数字 PCR 系统能够将液滴生成、PCR 扩增和液滴荧光信号检测集成为一体,可以避免液滴转移过程中带来的液滴数量损失和交叉污染,在微流控芯片内完成病毒核酸的自动提取与精确定量检测。本书主要研究皮升级液滴的形成机理和数学模型,分析皮升级液滴数字 PCR 系统定量检测的灵敏度和准确度,并进行病毒核酸定量检测的试验测试。本书开展的研究工作为实现病毒核酸的精确定量检测提供重要的理论基础与试验指导。

6.4 皮升级液滴数字 PCR 系统

本节主要从理论研究、数值仿真和试验研究三个方面对皮升级液滴数字 PCR 系统开展深入的理论与试验研究,拟采取的研究方案如图 6.9 所示。

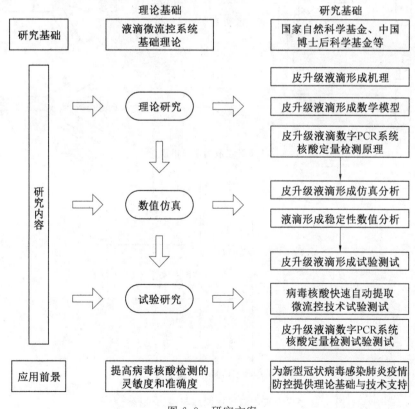

图 6.9 研究方案

6.4.1　皮升级液滴形成机理与数学模型研究

设计并加工聚集型微流道,在微流道中形成皮升级液滴。针对不同结构尺寸的聚集型微流道,皮升级液滴形成机理如图 6.10(a)所示。液滴形成过程中,两相液体之间存在两种作用力:剪切力和表面张力,两种作用力均会影响液滴形成的瞬态过程。通过分析液滴形成瞬态过程中两相液体的相互作用,得到皮升级液滴形成机理,为建立液滴尺寸的数学模型提供理论基础。分别选取不同的毛细管数,当毛细管数较小时($C_a \leqslant 0.1$),液滴形成处于挤压状态;当毛细管数较大时($C_a > 0.1$),液滴形成处于喷射状态。针对不同的液滴形成状态,分析微流道结构尺寸、两相液体流量与液体黏度等参数对液滴形成瞬态过程的影响,提高皮升级液滴形成的稳定性和液滴尺寸的精确性。

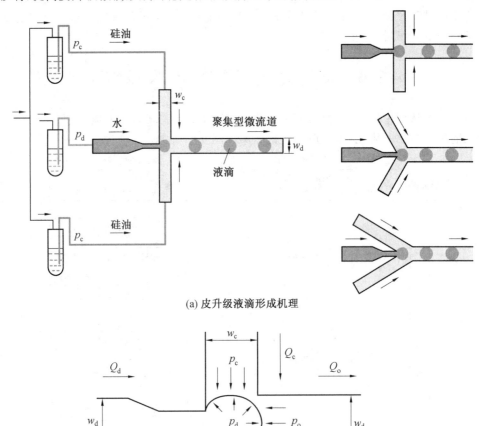

(a) 皮升级液滴形成机理

(b) 皮升级液滴形成瞬态过程受力分析

图 6.10　皮升级液滴形成原理与瞬态过程受力分析

分析皮升级液滴形成的瞬态过程,开展皮升级液滴形成瞬态过程受力分析,如图 6.10(b)所示。通过计算离散相和连续相液体的剪切力与表面张力,建立液滴脱落瞬时的力平衡方程,并得到皮升级液滴的形成条件。基于皮升级液滴形成机理,针对低毛细管数和高毛细管数分别建立液滴尺寸的数学模型。当毛细管数较小时($C_a \leqslant 0.02$),通过对液滴形成瞬态过程进行线性化处理,建立液滴尺寸的线性化数学模型,该液滴尺寸模型为提高液滴尺寸的控制精度提供理论指导。同时研究微流道的结构尺寸、两相液体流量与液体黏度等参数对液滴尺寸的影响。采用压力驱动装置调节两相液体的流量,分析压力驱动装置的流量调节特性对液滴形成的稳定性的影响。通过提高液滴形成的稳定性和液滴尺寸的控制精度,为实现皮升级液滴数字 PCR 系统的精确定量检测奠定理论基础。

6.4.2　皮升级液滴形成仿真与试验研究

基于皮升级液滴形成机理与数学模型,在毛细管数较小($C_a \leqslant 0.02$)和较大($C_a > 0.02$)时,开展液滴形成瞬态过程的仿真分析,能够得到不同的液滴形成状态。由于连续相和离散相液体之间存在剪切力与表面张力,两者相互作用,可以得到尺寸均匀的皮升级液滴。针对液滴形成的挤压与喷射状态,仿真研究液滴尺寸随着微流道结构尺寸、两相液体流量及液体黏度的变化规律。通过仿真分析,提高皮升级液滴形成的稳定性和液滴尺寸的一致性,实现液滴尺寸的精确调节。搭建皮升级液滴形成试验系统,该试验系统将微流体流量调节装置、液滴形成装置与液滴尺寸在线检测装置集成为一体,可以提高皮升级液滴形成的稳定性和液滴尺寸的尺寸精度。皮升级液滴形成试验系统的工作原理如图 6.11 所示。

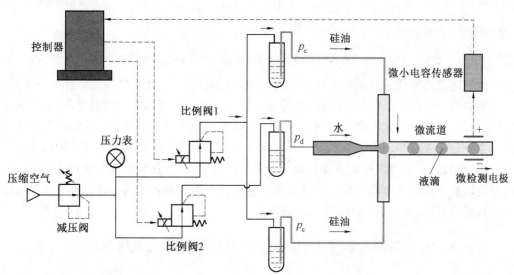

图 6.11　皮升级液滴形成试验系统的工作原理

基于皮升级液滴的形成机理,针对不同的液滴形成状态(挤压与喷射),主要开展皮升级液滴形成试验、液滴尺寸在线测量试验以及压力驱动装置流量调节特性试验。采用压力驱动装置调节两相液体流量,通过电检测方法在线测量液滴尺寸,在聚集型微流道中可以形成稳定的、尺寸一致的皮升级液滴。单个液滴最小体积达到 1.0 pL,液滴尺寸控制精度达到 0.1 μm,液滴尺寸控制误差小于 1.0%。

6.4.3　病毒核酸快速自动提取的微流控关键技术研究

基于微流控系统,采用磁珠提取病毒核酸。设计用于病毒核酸自动提取的微流控芯片,在芯片内实现病毒核酸的快速自动提取。根据病毒核酸自动提取的工艺过程,重点研究病毒核酸快速自动提取需要的微流控关键技术,主要包括微流体流动秩序控制、微混合与微分离等微流控技术。通过在微流控芯片外部施加磁场等技术手段,提高微反应腔室(简称微腔)内核酸溶液与磁珠的微混合效率与微分离速度,缩短病毒核酸提取过程的时间周期。基于微流控关键技术,建立病毒核酸快速自动提取微流控装置,该装置的工作原理如图 6.12 所示。

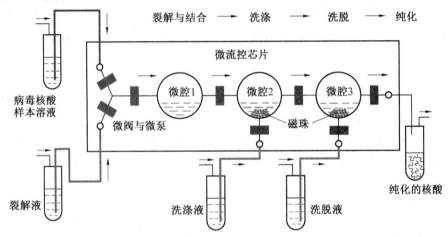

图 6.12　病毒核酸快速自动提取微流控装置的工作原理

开展病毒核酸快速自动提取的试验研究,将微阀、微泵与微流控芯片集成为一体,通过改变微阀和微泵的工作状态,控制病毒核酸样本溶液在微流道中的流动秩序,完成病毒核酸溶液与磁珠的快速混合与分离。分析病毒核酸自动提取的工艺过程,核酸提取工艺过程主要包括裂解与结合、洗涤、洗脱和纯化等步骤。掌握核酸提取工艺需要的微流控关键技术,在微流控芯片内控制病毒核酸溶液的流动秩序,进行核酸溶液与磁珠的微混合与微分离试验测试。通过研究病毒核酸提取工艺与微流控关键技术可提高病毒核酸提取的速度与效率,实现病毒核酸的快速自动提取。

6.4.4　皮升级液滴数字 PCR 系统定量检测原理与试验研究

建立皮升级液滴数字 PCR 系统,皮升级液滴数字 PCR 系统的组成和工作原理如图 6.13 所示,该系统主要包括:液滴形成装置、PCR 扩增微流控装置和液滴荧光检测装置。研究皮升级液滴数字 PCR 系统的定量检测原理,基于皮升级液滴数字 PCR 系统,在微流控芯片内能够完成病毒核酸的快速自动提取、PCR 扩增与绝对定量检测,基于液滴微流控技术,在微流道中可形成上万个皮升级液滴,且液滴尺寸保持一致。以皮升级液滴为单元,将病毒核酸样本溶液分散到大量独立的液滴单元中进行 PCR 扩增,待 PCR 扩增结束后,统计阳性液滴与阴性液滴的比例,并根据泊松分布原理计算病毒核酸拷贝数,实现病毒核酸的精确定量分析与检测。

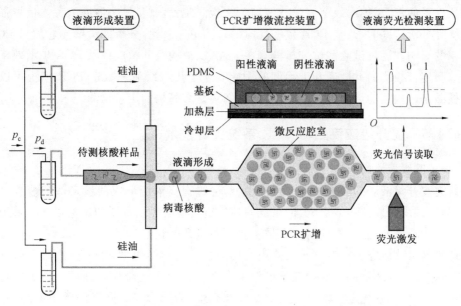

图 6.13　皮升级液滴数字 PCR 系统的组成和工作原理

　　根据皮升级液滴数字 PCR 系统的定量检测原理,分析病毒核酸定量检测的灵敏度和准确度,并开展病毒核酸定量检测的试验测试。设计 PCR 扩增微流控装置,该装置的温度调控原理与液滴荧光检测如图 6.14 所示。在微流控芯片上下表面分别布置加热层和冷却层,对微反应腔室进行快速加热和冷却,调节皮升级液滴的 PCR 反应温度。

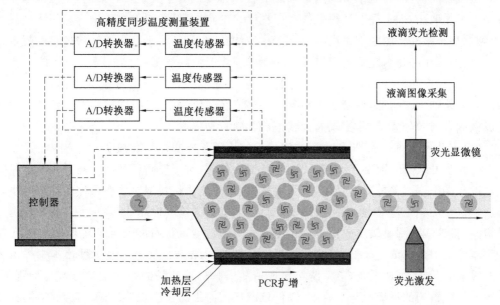

图 6.14　PCR 扩增微流控装置的温度调控原理与液滴荧光检测

采用高精度同步温度测量装置,实时测量微反应腔室的温度,实现 PCR 反应温度的精确调节。采用石墨电极对微流控芯片上下表面同时进行加热,并采用半导体制冷片对微流控芯片进行快速冷却,在微流控芯片内完成 PCR 扩增的热循环试验,测试得到不同试验条件下的 PCR 扩增效率。设计液滴荧光检测装置,测量每个液滴的荧光信号强度并进行统计分析。同时,改变 PCR 扩增反应的液滴单元总数,分析液滴单元总数对 PCR 扩增效率的影响。通过试验测试分析液滴单元总数、液滴尺寸精度以及 PCR 扩增效率等对病毒核酸定量检测的灵敏度和准确度的影响。基于皮升级液滴数字 PCR 系统可以提高病毒核酸定量检测的灵敏度和准确度,实现病毒核酸的精确定量检测。

6.4.5　皮升级液滴数字 PCR 系统关键技术

(1)皮升级液滴的形成机理与数学模型。

研究皮升级液滴的形成机理与数学模型,通过提高液滴形成的稳定性和液滴尺寸的精度,为实现皮升级液滴数字 PCR 系统的精确定量检测提供重要的理论指导。采用液滴微流控技术形成液滴,国内外研究人员主要围绕微升级和纳升级的微小液滴,开展液滴形成的理论与试验研究。针对皮升级液滴的形成机理与数学模型,相关理论研究还不够深入,如何建立皮升级液滴尺寸的数学模型是液滴微流控系统研究的难点。为了提高皮升级液滴数字 PCR 系统定量检测的灵敏度和准确度,需要形成皮升级的微小液滴,并提高液滴单元总数和液滴尺寸的精度。因此,建立皮升级液滴的形成机理与数学模型,为实现病毒核酸的精确定量检测提供重要的理论基础。

(2)病毒核酸快速自动提取的微流控方法。

研究病毒核酸快速自动提取的微流控方法,掌握微流体流动秩序控制、微混合与微分离等微流控关键技术,对于实现病毒核酸的快速自动提取至关重要。目前,核酸提取主要采用人工提取法,人工提取法提取核酸存在诸多缺点,在核酸提取过程中容易引入外界污染,影响病毒核酸检测的准确度。与人工提取法比较,设计用于病毒核酸快速自动提取的微流控芯片,在芯片内完成病毒核酸的自动提取,可消除核酸提取过程中引入的外界污染,提高病毒核酸检测的准确度。本书将微阀、微泵与微流控芯片集成为一体,通过改变微阀和微泵的工作状态,控制病毒核酸样品溶液在微流道中的流动秩序,在微流控芯片内完成微混合与微分离试验,实现病毒核酸的快速自动提取。

(3)皮升级液滴数字 PCR 系统的定量检测原理和核酸检测准确度。

研究皮升级液滴数字 PCR 系统的定量检测原理,对于提高新型冠状病毒核酸检测的灵敏度和准确度至关重要。目前,荧光定量 PCR 检测法是新型冠状病毒核酸检测的主要方法。基于荧光定量 PCR 检测法开发的新型冠状病毒核酸检测试剂盒,大多属于相对定量检测,且核酸检测灵敏度较低。当被检测人员为新型冠状病毒的轻度感染者时,由于核酸样本溶液中病毒浓度较低,轻度感染者的核酸检测结果容易出现假阴性。本书提出了皮升级液滴数字 PCR 系统,该系统可实现新型冠状病毒核酸的绝对定量分析与检测,通过提高核酸检测的灵敏度与准确度,降低核酸检测结果出现假阴性的概率,为有效防控疫情提供重要的理论基础与技术支持。

6.5　皮升级液滴数字 PCR 系统试验研究

6.5.1　皮升级液滴数字 PCR 微流控芯片设计与制备

（1）微流控芯片设计。

液滴生成是指两种不相溶的流体,如水和油,一种是连续相流体,另外一种是离散相流体,连续相流体和离散相流体分别在 T 型微流道中的连续相流道和离散相流道内流动,通过控制连续相和离散相两相流体的流量,就可以在连续相流道和离散相流道的交叉处互相剪切生成液滴。

本书设计的一种皮升级液滴数字 PCR 微流控芯片,芯片底部刻有微流道。微流道前端为用于生成两相流体液滴的流道,后端为用于进行 PCR 扩增的扩增反应流道。其中,扩增反应流道包含若干个循环的蛇形流道,一个循环包括高温变性流道和退火扩增流道。皮升级液滴数字 PCR 微流控芯片结构图如图 6.15 所示。

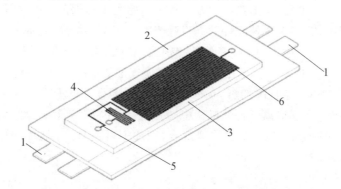

图 6.15　皮升级液滴数字 PCR 微流控芯片结构图

1—石墨烯加热片;2—玻璃片;3—PDMS 微流控芯片;4—连续相流道;
5—离散相流道;6—PCR 扩增反应流道

皮升级液滴数字 PCR 微流控芯片前端为用于生成液滴的两相流微流道,4 为连续相流道,5 为离散相流道。油液作为连续相流体,PCR 反应液作为离散相流体,使用注射泵分别将油液和 PCR 反应液泵入连续相流道 4 和离散相流道 5 中,然后在图中的交叉处生成油包裹 PCR 反应液的微小液滴。因此,以液滴为反应单元,PCR 反应液能够流入皮升级液滴数字 PCR 微流控芯片后端的流道。

采用两步法进行 PCR 扩增,即 PCR 扩增分两步进行。第一步,变性。加热（要求温度为 90 ℃）使双链 DNA 彻底变性,解离成单链,然后与引物相结合,接着准备进行下一个反应。第二步,退火。将温度下降至适宜温度（要求温度为 65 ℃）,根据氨碱基互补配对的原则,引物能够与模板 DNA 单链配对结合,然后热稳定聚合酶使溶液中的游离核苷酸合成 DNA 的第二个互补链。这就完成了一个循环,然后重复进行上述循环,就实现了 DNA 片段的指数扩增。

皮升级液滴数字 PCR 微流控芯片后端为 PCR 扩增反应流道。PCR 扩增反应流道由若干个连续循环的蛇形扩增流道组成。其中,一个循环流道包括高温变性流道和退火扩增流道。在芯片前端 T 型微流道中生成液滴后,PCR 反应液以液滴的形式依次流经若干个连续循环的蛇形扩增流道,并在扩增流道内完成若干次循环扩增反应,生成 PCR 扩增产物,在出口处即可收集 PCR 扩增产物,实现核酸样品的有效扩增。图 6.15 中,石墨烯加热片粘贴于皮升级液滴数字 PCR 微流控芯片底部的玻璃片上。平行设置两个石墨烯加热片,用于加热 PCR 系统,分别对应 PCR 扩增中高温变性流道和退火扩增流道,实现 PCR 扩增过程中高温变性和退火扩增要求的温度,形成两个温区。石墨烯加热片的宽度由数字 PCR 扩增过程中两温区的长度确定,石墨烯加热片的宽度决定了 PCR 反应液通过两温区的时间比。石墨烯加热片的宽度和 PCR 扩增流道内 PCR 反应液的流速可以确定数字 PCR 扩增一个循环所需的时间,再由 PCR 扩增流道中流道循环的个数确定整个数字 PCR 扩增所需的时间。同时,还可以通过改变微流道的宽度和 PCR 扩增流道的长度等尺寸,设计出不同结构形状的皮升级液滴数字 PCR 微流控芯片。

(2)微流控芯片加工。

微流控芯片是通过软光刻技术加工的,微流控芯片加工的主要流程如图 6.16 所示。设计微流道并打印掩膜板,先用热压的方式将一层感光干膜压在一块表面平整的钢板上,再夹上一层光学掩膜,移至紫外线灯下进行曝光。曝光后,移至显影液中进行显影,干燥后将得到阳膜。接着,将 PDMS 溶液与黏结剂按照特定比例混合,经过充分搅拌后均匀平铺在硅片上。固化 PDMS 需要在表面和内部无气泡的前提下进行,将硅片放置于真空加热箱中,在 80 ℃恒温条件下加热 60 min。固化后,揭下 PDMS 结构,先后进行切割和打孔,并与玻璃基底在反应离子刻蚀机器中同时进行等离子体表面处理。最后,将等离子体表面处理后的 PDMS 与玻璃基底快速封合,完成不可逆封接,即可得到特定流道结构的微流控芯片。

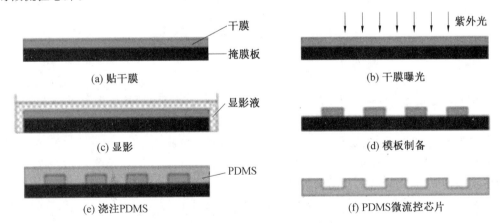

(a) 贴干膜　　　　　　　　　　(b) 干膜曝光

(c) 显影　　　　　　　　　　(d) 模板制备

(e) 浇注PDMS　　　　　　　　(f) PDMS微流控芯片

图 6.16　微流控芯片加工的主要流程

6.5.2　皮升级液滴数字 PCR 温度控制技术

高精度、快速响应的温度控制技术是皮升级液滴数字 PCR 系统的核心功能之一,它在很大程度上决定了 PCR 扩增的效率。皮升级液滴数字 PCR 系统的温度控制系统需要满足精确地对温度进行测量、快速地调节芯片的温度和高可靠性地维持温度。因此,本章开发并测试了一个精确多路温度控制系统,用于皮升级液滴数字 PCR 系统中温度的测量和控制。由于目前对温度控制的研究存在着测量精度不够高,硬件电路结构复杂,成本居高不下,抗干扰能力弱以及元器件功耗高等不足,本书综合利用各项技术,开发了一个具备集成化、自动化、低成本、高可靠性的多路传感器温度控制系统。该温度控制系统能够应用于微流控芯片系统中,对芯片内部同时进行多路温度的测量和控制。温度测量和控制的原理是:使用 Arduino 软件编程,通过 MAX31865 A/D 转换器来采集 PT100 热敏电阻的阻值变化并转换成温度值,再与单片机进行 SPI 通信,读取温度值,通过串口将温度值返回到终端,可以看到实际的温度值,实现温度测量。将三极管、加热电源连接至单片机,编制温度控制程序,控制温度在设定要求温度,实现温度控制。采用单片机进行温度的测量和控制。

单片机与 A/D 转换器间采用 SPI 通信协议。SPI 全称 Serial Peripheral Interface,是一种同步串行数据传输标准,同步是指数据收发双方共用一个时钟;串行的意思是待传输的数据排成一行,一位一位地传送出去。主要用于微控制器与其他外围设备的传输,当然也可实现微控制器与微控制器间的数据传输。相比于其他通信协议,SPI 采用四线制的硬件连接方式,结合了四种信号间的时序关系。Arduino 单片机就是通过 D10～D13 对应的 $\overline{SS}$、MOSI、MISO、SCK 四个接口实现 SPI 通信。SPI 通信的硬件连接如图 6.17 所示。

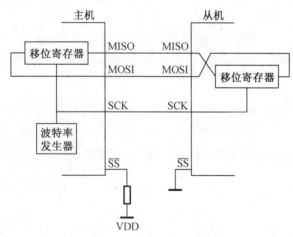

图 6.17　SPI 通信的硬件连接

通信过程简述如下:

(1)条件准备。

条件准备包括四线引脚的输入输出配置,主机 SCK、MOSI 必须配置为输出模式,MISO 配置为输入模式。

(2)拉低从机的 $\overline{SS}$ 电平,从机做好数据传输准备,时刻注意主机发出的 SCK 信号。

(3)数据传输。

每来一个时钟脉冲信号,主从机间完成一位数据交换,8 个时钟脉冲完成一个字节的数据交换。该字节传输完成,等待写入下一个传输字节。同时,主机和从机之间交换逻辑关系。随着时间变化,按照从高位到低位的方式,数据依照顺序移出主机寄存器和从机寄存器,然后依次移入从机寄存器和主机寄存器。当全部移出寄存器中的数据时,就可以完成两个寄存器间数据的交换。

(4)传输结束。

硬件自动置位传输完成标识,重置 SPI 内部逻辑为初始状态。

MAX31865 是热敏电阻数字输出转换器,能够将 PT100 热敏电阻的阻值变化转换成数字信号输出。两线制 MAX31865 转换器原理图如图 6.18 所示。

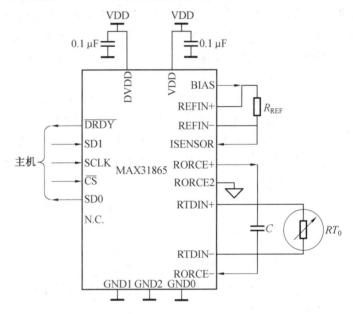

图 6.18　两线制 MAX31865 转换器原理图

6.5.3　皮升级液滴数字 PCR 温度控制试验

在微流控芯片内部测温,为保证热敏电阻的绝缘性,在接线前将热敏电阻蘸上一层 PDMS 薄膜,然后将 Arduino 单片机、A/D 转换器、热敏电阻、加热电源、继电器开关等按原理图接线。刚开始加热电源选用的是不可调的直流稳压 12 V 电源,控制开关使用的是继电器开关,同时未使用 A/D 转换器,将热敏电阻与阻值为 2 000 Ω 的定值电阻连接,再根据 PT100 温度阻值表用 Matlab 拟合出温度阻值关系式。但是输出的温度值波动较大,尝试加入滤波程序,温度控制还是不太稳定,温度测量接线图如图 6.19(a)所示。因此,尝试使用 MAX31865 A/D 转换器,同时将不可调直流稳压加热电源换成可调直流稳压电源,测量结果精度更高,可靠性好,将直流稳压电源电压调至 6.9 V,接线图如图 6.19(b)所示,温度随时间变化的曲线如图 6.20 所示。

从图 6.20 可以看出,温度总体在 22.9 ℃ 和 23.5 ℃ 之间波动,所测量温度的最大差值为 0.6 ℃,考虑到控制开关采用继电器会产生噪声等干扰,将继电器换成功率三极管 (IRF520N)。将控制温度设置在 55 ℃,温度控制接线图及串口输出结果如图 6.21 所示,温度随时间变化的曲线如图 6.22 所示。

(a) 未使用A/D转换器   (b) 使用A/D转换器

图 6.19 温度测量接线图

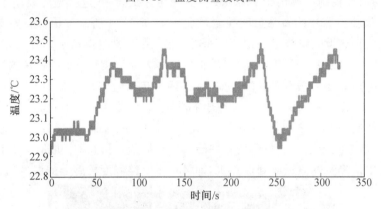

图 6.20 温度随时间变化的曲线

图 6.21 温度控制接线图及串口输出结果

当设定温度为 55 ℃时,串口输出的温度控制在 55 ℃,除去干扰最大误差为 0.06 ℃,平均误差在 0.03 ℃左右。从图 6.21、图 6.22 中可以看出,当加热电源电压调至 6.9 V 时,温度从室温升高至 55 ℃仅需 30 s 左右,然后一直稳定在 55 ℃,温度控制精度较高。

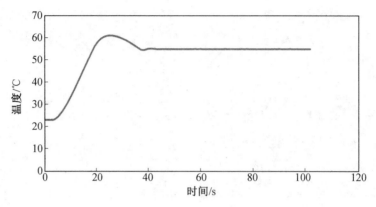

图 6.22 温度随时间变化的曲线

将设计的温度控制系统用于 PMMA 微流控芯片试验中,进行温度控制系统的测试,基于 PMMA 微流控芯片的多路温度控制试验图如图 6.23 所示。为保证热敏电阻的绝缘性,在接线前将热敏电阻蘸上一层 PDMS 薄膜。由于加热膜贴于芯片反应区中部,因此中部温度较高,底部温度最低。为了测量芯片外表面温度一定时,芯片内部的最大温差,所以热敏电阻温度传感器布置位置如下:将两个热敏电阻传感器封装于芯片内部,一个封于芯片中部,记为 sensor1;另一个封于芯片底部,记为 sensor2;再将一个传感器置于芯片外部,加热膜与芯片之间,记为 sensor3,用于芯片外表面的温度控制。通过 A/D 转换器来采集热敏电阻传感器的阻值变化并转换成温度值,再与单片机进行 SPI 通信,读取温度值,通过串口将温度值返回到计算机,即可记录三路温度传感器的温度值。

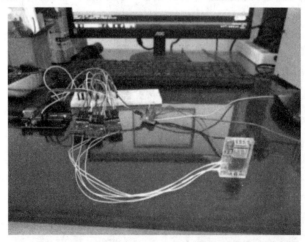

图 6.23 基于 PMMA 微流控芯片的多路温度控制试验图

依次设定外部传感器(sensor3),记录三路温度值,进行多次试验。记录 Arduino 串口输出的三路传感器的温度值,采用计算程序选出各路传感器的数值,记录不同设定温度时三路温度的稳定值,三路温度控制曲线图如图 6.24 所示。

由图 6.24 可知,当 sensor3 温度控制为 58 ℃时,sensor1 的温度最终稳定在 52.54 ℃,sensor2 的温度最终稳定在 49.8 ℃,稳定后温度变化非常小,芯片内部中部和底部的温差为 2.74 ℃。可以看出,无论外部传感器设置为何值,芯片内部的两个传感器

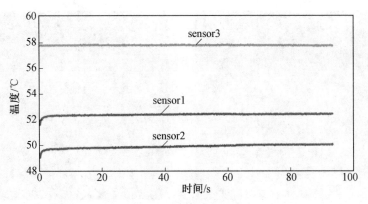

图 6.24　三路温度控制曲线图(sensor3 为 58 ℃)

都有温度差,且 sensor3 设定温度越低,误差越小。考虑到可能是由于加热膜的原因,影响了受热的均匀性。因此,将圆形加热膜($d=25$ mm)换成方形加热膜(40 mm ×160 mm),由于使用圆形加热膜加热时,当设定温度(sensor3)为 60 ℃时,sensor1 的温度可以达到 55 ℃(要求温度)左右,因此考虑将设定温度(sensor3)设为 60 ℃,绘制的三路温度控制曲线图如图 6.25 所示。可以看出,当 sensor3 温度控制为 60 ℃时,sensor1 的温度最终稳定在 55.07 ℃,sensor2 的温度最终稳定在 52.71 ℃,稳定后温度变化非常小,温差为 2.36 ℃。与圆形加热膜相比,温差有所降低,但效果不明显。因此,后续考虑往芯片内部通气泡,保证内部样品受热的均匀性和一致性,尽量减小芯片内部的误差。

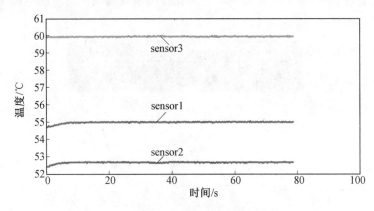

图 6.25　三路温度控制曲线图(sensor3 为 60 ℃)

试验中,使用方形加热膜加热时,红外热成像仪拍摄的温度分布云图如图 6.26 所示。左图中目标点的温度为芯片中部的温度,右图中目标点的温度为芯片底部的温度,从图中可以看出,芯片内部流体存在温差,表现在最上端液面位置温度最高,最底端流体温度最低。芯片内部的两个传感器的温度差约为 2.5 ℃,与温度控制系统的测量结果比较,温度测量结果保持一致,再次验证了该温度控制系统的控制精度与可靠性。

(a) 芯片中部的温度

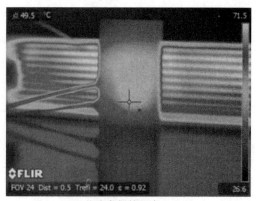
(b) 芯片底部的温度

图 6.26 温度分布云图

6.5.4 皮升级液滴数字 PCR 荧光检测技术

传统的液滴荧光检测系统将配有聚焦物镜和激发滤光片的蓝色 LED 光源放置在微流控数字 PCR 芯片侧上方,从 30°~45°方向照射它;相机、镜头和荧光滤光片垂直于芯片,和光源放在同一侧以捕获荧光图像,传统的液滴荧光检测系统的工作原理如图 6.27 所示。这种方法是目前最常用的一种荧光检测系统搭建方案,广泛用于大型商业化仪器中。但是在试验过程中,使用此方案搭建的荧光检测系统的光照均匀性不能保证,将会增加后续液滴荧光图像处理的难度。

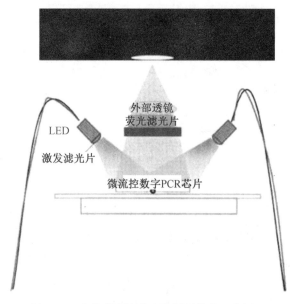

图 6.27 传统的液滴荧光检测系统的工作原理

此外,同轴拍摄液滴荧光检测系统为目前最常见的一种液滴荧光检测系统,与上述方案的主要区别是应用了一个二向色镜,将激发光和发射光光路合并在同一轴上,这样使得激发光照射变得更均匀,同时避免了物体的反光。但是,二向色镜的存在将会明显减弱荧光强度,并降低获得的荧光图像的质量。

参考以上液滴荧光检测系统,为了提高皮升级液滴数字 PCR 荧光检测的灵敏度和精确度,本书采用了模块化的设计思想来设计皮升级液滴数字 PCR 荧光检测系统。皮升级液滴数字 PCR 荧光检测系统主要包括光路系统、硬件系统和软件系统。本书设计的液滴荧光检测系统,荧光检测光路系统选择共聚焦型检测,光路图如图 6.28 所示,主要包括激光、二向色镜、物镜、滤光片、滤波器、光电倍增管(PMT)等器件。激光通过透镜聚焦到光纤,然后从光纤的另外一端照射到准直镜上形成均匀的平行光。从准直镜出来的平行光通过滤光片对激光波段进行过滤后照射到二向色镜,然后反射到长工作距离的物镜上,通过物镜聚焦到芯片上的检测区域形成光斑。带有荧光染料的液滴经过检测区域时受到激发产生荧光,这些荧光信号被相同的物镜收集后,透过滤光片去除杂散光。杂散光的存在是提高荧光检测的灵敏度的主要限制因素,为了进一步提高荧光信号的信噪比,在 PMT 检测器前加入滤波器去除光源和环境的杂散光。最后通过 PMT 将光信号转换为电信号后进行后续的信号处理。

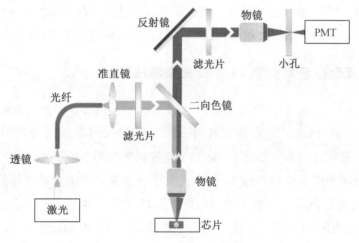

图 6.28　液滴荧光检测的光路图

与传统的荧光显微镜中的汞灯相比,激光作为激发光源具有以下优点:①体积小,易于集成在系统中;②虽然激光的功率不大,但是激光有很好的集中性,更易于通过物镜聚焦,形成光照密度非常高的光斑;③单方向性强,相比汞灯的球形放射性,激光发射出来的光束散射角小,激发效率高。二向色镜是共聚焦型光路的必要器件,简化了光路的设计。当一束光以 45°的角度照射到二向色镜时,光束被分成两束,一束透射,而另外一束反射。本系统采用 SIGMAKOKI 公司的型号为 CSMH－20－550 分束立方体作为二向色镜,适用波长为 400～700 nm,能够以 1∶1 的比例进行分束,使用多层电介质膜能够减少光的损耗。传统的平面二向色镜在激光照射时会发生两次反射,这两束反射的光线可能会发生干涉的现象,而采用分束立方体作为二向色镜能极大程度上减少这种干涉现象,并且由于电介质膜不是暴露在空气中，不易损坏。

光学显微镜的物镜是由多个透镜组成的一个透镜组，能弥补单个透镜的不足，在本系统中的作用是聚焦激发光和收集荧光。物镜的数值孔径决定着其对荧光的采集效率，即理论上数值孔径越大，孔径角越大，采集效率越高。但是在共聚焦的光学系统中，高数值孔径的物镜会使激发光聚焦出来的光斑过小，导致荧光液滴的有效激发区域过小，荧光的激发效率变低。而微流控芯片上层存在一定的厚度，因此，在选取物镜的时候需要考虑到数值孔径和工作距离。本书选用的是尼康公司长工作距离物镜，放大倍数为 20×，数值孔径为 0.45。在共聚焦型的检测系统中，滤光片的作用是使荧光波段的光能通过，而吸收非荧光的其他干扰光，其性能直接影响着采集到的荧光信号的信噪比，所以所选取的滤光片在信号波段的透过率需要尽量高。

光电倍增管是检测微弱光信号的一个最关键器件，其工作原理是当光照射到光阴极时，会产生光电子，光电子每经过一个倍增极都会得到放大，最后经过多级放大后的光电子被阳极收集形成电流信号。PMT 作为检测器件具有高灵敏度、低噪声、响应速度快、量子效率高等优点。选用 PMT 模块作为荧光信号检测器，该模块包含低功耗高压电源、金属封装的光电倍增管和低噪声放大器。放大器的作用是将 PMT 输出的电流信号转换为电压信号，便于信号的采集和处理，放大器与 PMT 的阳极输出连接，能减少噪声的干扰。

6.5.5 皮升级液滴数字 PCR 荧光检测试验

与荧光定量 PCR 不同，皮升级液滴数字 PCR 通过直接计算荧光液滴数的方法，可以实现起始 DNA 模板的绝对定量，因此特别适合用于 CT 值不能很好分辨的应用领域，例如拷贝数变异、突变检测和单细胞基因表达等生物医学检测。对于这些低浓度样品，检测通量越高，可检测到样品信号的概率越大，灵敏度也就越高。采用特定结构的微流控芯片，皮升级液滴数字 PCR 微流控芯片结构如图 6.29 所示。基于该微流控芯片，可以在微流道中形成稳定的、尺寸一致的液滴。液滴生成结束后，均匀、稳定地排列在收集腔内并保持单层。通过 PCR 扩增后，阳性微滴能够发出荧光信号，可以从荧光图片中识别出来。图 6.30(a)和图 6.30(b)分别为明场和暗场下拍摄的微反应腔室中的液滴图像。根据液滴荧光检测结果，并采用泊松统计原理，可求解出原始溶液的核酸初始浓度。

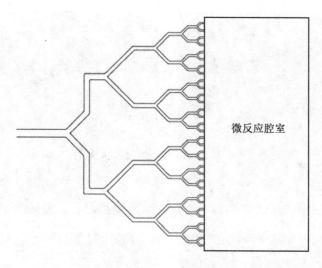

图 6.29　皮升级液滴数字 PCR 微流控芯片结构

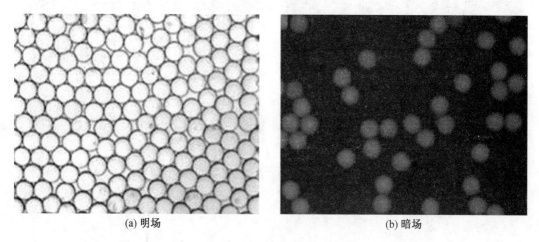

(a) 明场　　　　　　　　　　　　　(b) 暗场

图 6.30　明场和暗场下拍摄的液滴微反应腔室中的液滴图像

选取不同初始浓度的核酸样品,浓度大小分别为 300 拷贝/mL、1 200 拷贝/mL、2 600 拷贝/mL、5 300 拷贝/mL。不同初始浓度的核酸样品经过 PCR 扩增后的液滴荧光图像如图 6.31 所示。根据荧光检测结果可知,核酸样品的初始浓度越大,具有荧光信号的阳性液滴数越多,阳性液滴数与液滴单元总数的比值就越大。因此,通过采集液滴荧光图像并统计阳性液滴数,可以精确定量计算核酸样品的初始浓度,在皮升级液滴数字 PCR 微流控芯片内实现病毒核酸的绝对定量检测。

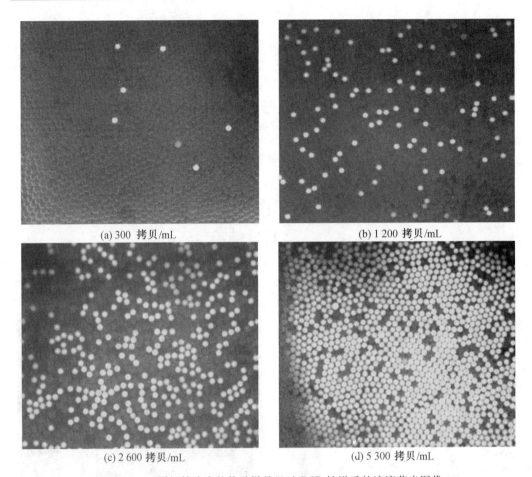

(a) 300 拷贝/mL   (b) 1 200 拷贝/mL

(c) 2 600 拷贝/mL   (d) 5 300 拷贝/mL

图 6.31　不同初始浓度的核酸样品经过 PCR 扩增后的液滴荧光图像

第7章

液滴微流控系统其他应用

目前,液滴微流控系统在化学、生物、医学等多个学科研究中应用十分广泛,并为交叉学科的发展创造了重要条件。其中,液滴尺寸控制精度和液滴尺寸的一致性,在液滴微流控系统实际应用中十分关键。将液滴微流控系统应用于化学、生物、医学等学科研究时,对液滴尺寸控制精度与液滴尺寸的一致性具有特殊要求。本章主要从化学反应、医疗药物配置、医学成像、生物分子合成、微流控芯片诊断以及药物开发等方面,分别介绍基于液滴的微流控系统,以及基于液滴开发的微流控芯片的实际应用。

7.1 应用背景

以液滴为单元,通过液滴包裹聚合物材料,可以在微流道中合成聚合物的微小颗粒,其直径变化范围从几微米到几百微米,液滴内部合成微小颗粒如图7.1所示。为了得到特定尺寸的微小颗粒,需要精确控制单个液滴尺寸,并要求不同液滴的尺寸保持一致。

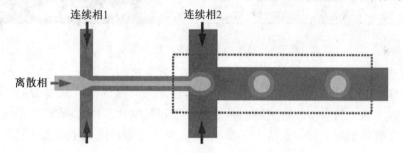

图 7.1 液滴内部合成微小颗粒

基于液滴微流控系统,采用离散液滴并将生物细胞封装在液滴内部,可以实现生物细胞的分析与检测。基于液滴的生物细胞检测过程如图7.2所示,检测过程中,为分析单个细胞的组成成分,需要精确控制单个液滴体积,实现细胞的快速封装。当液滴体积较小时,单个液滴不能完全包裹生物细胞,会影响细胞检测结果的准确性。

同时,以离散液滴为微小单元,可以形成微小反应器,在液滴内部完成多种化学反应试验,如图7.3所示。其中,化学反应速率与液滴体积密切相关,为了提高化学反应速率,需要形成尺寸较小的液滴,液滴直径约为几微米,液滴体积达到皮升数量级。以液滴为微小单元,在单个液滴内部可以实现蛋白质信息表达、DNA测试及微小颗粒合成等,并能在生物体外部模拟细胞内的生化反应。设计特定结构的微流道可完成液滴的形成、合并以及融合等操作,通过加快液滴内部化学物质的融合,提高化学反应速率。此外,随着液滴形成技术的不断发展,以及液滴尺寸控制精度的不断提高,通过液滴与液滴之间的融合,形成特定体积的微小颗粒,能应用于生物医学的药品加工、开发试验以及药物合成等。基

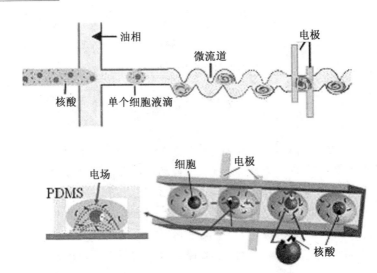

图 7.2 基于液滴的生物细胞检测过程

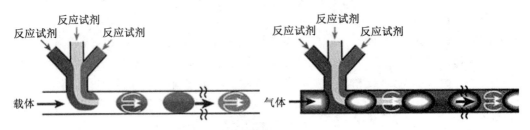

图 7.3 液滴内部完成多种化学反应试验

于液滴的微流控系统可以实现细胞的人工合成,为生物医学研究提供很好的试验平台。同时,液滴微流控系统不仅可以合成微小颗粒,还能在液滴内部合成复杂的生物分子,如蛋白质、DNA 等。图 7.4 为基于液滴微流控系统开发生物芯片,以液滴为单元,在液滴内部完成蛋白质分子的生长与表达。试验中,为定量测试蛋白质分子的表达过程,需要精确控制单个液滴体积。

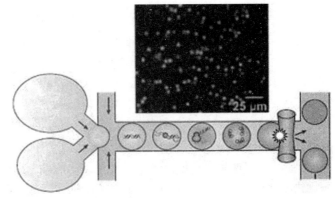

图 7.4 在液滴内部完成生物分子的生长与表达

基于液滴微流控系统开发的微流控芯片,可用于病毒传染性检测。检测过程中,单个病毒被液滴包裹并生长繁殖,在微小液滴内部可完成病毒传染性检测,其中,病毒生长速度与液滴体积有关,同一种病毒检测时,为减小传染性检测误差,要求不同液滴体积具有较好的一致性。此外,微流控芯片可用于医学诊断和检测,由于其体积小、集成度高、便于携带,在医疗条件较差的地方能够解决当地医疗设备不足、医疗技术落后等困难。基于液滴微流控系统,可以实现液滴合并、液滴分离以及液滴融合等多种液滴操作。

7.1.1 液滴合并

液滴合并的形式主要有两种:被动式和主动式,两种形式具有各自的优点,在实际的液滴控制中都有较多的应用。

被动式的液滴合并主要是通过设计液体流道的形状来实现的,采用特定的流道结构,调节液体的流量可以控制液滴形成的速度和频率。如果两种液滴产生的频率保持一致,这样,在两个流道的汇合处,可以实现液滴的合并。被动式液滴合并的原理图如图7.5所示。在流道的汇合处,可以设计特定的节流口形状,给液体流动产生足够的阻力,让液体很难通过给节流口,于是,两种液体相遇后,由于流动受到较大的阻力,于是被强制挤压在一起,经过一段流道后,两种液滴的表面完全融合,合并成一个更大的液滴。

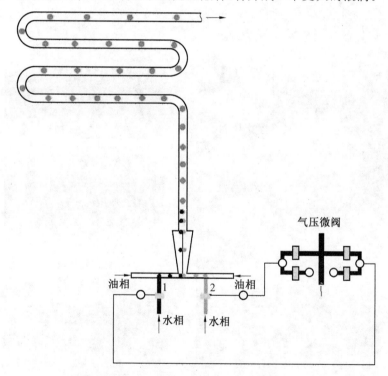

图 7.5 被动式液滴合并的原理图

主动式的液滴合并主要是通过 EWOD 电润湿以及其他的电控方法来实现的。在流道两侧放置平行的排列电极,通过给两侧电极施加直流或交流电压,可以控制电极的通断和液体流道中的电场分布。这样,通过调整各个电极的通断顺序,能够给流道中的液滴施加作用力,引导液滴向某一个方向流动,实现两种液滴最后相遇与合并。此外,主动式的液滴合并也可以通过热源来实现,由于液体的黏度随温度的升高而降低,通过给连续相的液体加热,连续相液体黏度下降,在通过节流口时受到的流动阻力减小,流量增大,分布在连续相液体中的液滴,通过节流口处,流动速度减慢,于是,相邻的液滴之间就很容易碰撞而合并到一起。近年来,还出现了采用光学镊子来实现液滴合并的技术,以激光为工作介质,对液体局部加热,可以实现液体在流道中流动的开断,类似于一个微阀,能够对单个液滴进行位置控制,就像用镊子夹取一样,实现液滴的合并,不过该光学方法对液体的流动有较大的阻碍。

7.1.2　液滴分离

液滴分离的形式也主要为被动式和主动式,两种形式各有不同的应用场合。

被动式的液滴分离主要是通过设计流道的形状来实现的。其中,可以设计多个分叉的 T 型微流道来逐级实现液滴分离,被动式的液滴分离过程如图 7.6 所示。由图可以看出,微流道的支流流道宽度相同时,一个液滴能够分离成两个大小一致的子液滴,该液滴经过下一个流道分支时,又可以分离成两个大小一致的子液滴,于是经过多级流道分支后,液滴将不断变小,最后达到期望的体积大小,实现液滴分离过程的被动控制。目前,液滴分离的理论研究也表明,被动式的液滴分离中,改变连续相液体的流量,以及微流道的流动阻力,可以控制液滴分离的程度。

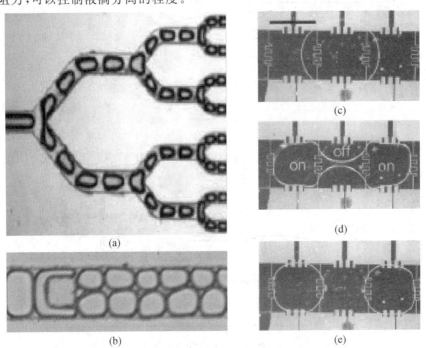

图 7.6　被动式的液滴分离过程

主动式的液滴分离主要是在流道外面施加电场、磁场、温度场等物理场,对液滴产生作用力,实现液滴的强制分离。其中,应用最多的是采用 EWOD 电润湿的方法实现液滴分离,在液滴表面形成一层导电膜,通过在流道两侧施加电场,在液滴两侧产生拉力,将液滴强制分离。此外,也可以加热液体使得液体黏度降低来实现液滴的分离,这种方式能够实现液滴的快速分离,不过需要消耗较多的能量,同时降低液体的黏度和表面强度,对于液体的性能有一定的影响。

7.1.3 液滴融合

液滴融合的形式也主要为被动式和主动式,两种形式有各自的优缺点。近年来,液滴融合技术在生物和化学反应研究中发挥了重要作用。不过,如何在较短的时间内快速实现液滴融合是目前液滴融合技术中的关键问题。研究在微流道中液滴融合的基本原理,对于提高液滴融合的速度和效率具有重要意义。

被动式的液滴融合也是采用特殊的流道结构来实现,液滴在微流道流动过程中,液滴与液滴能够进行充分的接触,最后实现两种液滴的完全融合。通常两种液滴在流道中相遇,表面与表面之间能够部分黏结在一起,但是要想完全融合为一体实现两种液滴充分混合,仍然存在一定困难。设计弯曲的流道使得液滴在流道的弯曲部分受挤压作用力,并且液滴受到的作用力方向在其流动的过程中有所变化,这样经过一段流道后,就能实现液滴与液滴的完全融合。液滴在微流道中的融合过程示意图如图 7.7 所示。

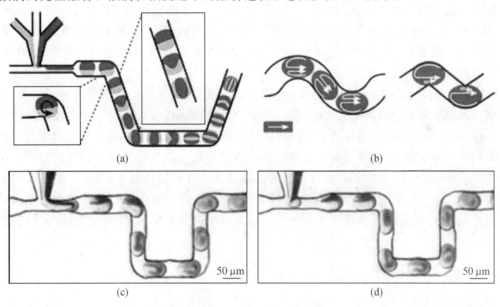

图 7.7 液滴在微流道中的融合过程示意图

主动式的液滴融合主要是通过电场力的作用来实现的,目前,应用最多的是采用EWOD 电润湿的方法实现液滴融合。液滴在流道中流动时,在流道的两侧施加电场,使液滴的表面形成一层导电薄膜,液滴受到电场力作用。通过在流道两侧排列电极,可以对单个液滴进行控制,于是,给电极施加一定的电压,通过改变各个电极的通电顺序,可以控制每个液滴的运动轨迹,并且液滴的运动不受流道形状和液体流速的影响。例如,在流道两侧设定阵列电极,让相遇的两个液滴在电极与电极之间反复运动,液滴内部经过多次震荡、分离和混合后,能够实现完全融合,其融合的时间与电极的通电频率有关,可以准确控制。此外,在液滴融合中,不仅可以实现两种不同液体之间的融合,比如水和油,也可以实现水和空气、生物液体和空气之间的融合,能够得到特定组成成分的微小单元。

在以上两种液滴融合技术中,如何能够在较短时间内,快速地实现液滴融合,还有待进一步研究。液滴融合技术目前在化学、生物和医学领域都有重要的应用,所以围绕液滴开展的研究工作中,未来的主要研究方向应该倾向于液滴融合。

7.2 化学反应

以液滴为单位,在液滴内部可以实现特定的化学反应。从蛋白质信息的表达、有机物合成到人体内部的生化反应,都可以通过基于液滴的微流控系统来间接地实现,这样可以避免危险化学物质和化学反应对人体的伤害。在液滴微流控系统中,还可以同时进行多个化学反应,由于微流道尺寸较小,流道中的流动换热散热损失小,所以在微流道中,可以快速地实现化学反应,缩短反应时间。此外,设计特定的流道形状可以在微流道的转角处形成漩涡,加快反应物的融合,提高反应效率。

在微流道中进行的化学反应通常都是单相流动,不过,目前在实验室里已经开展多相流动研究,能够在微流道中实现单个的化学反应。基于液滴的微流体系统,可以通过控制液滴流动,实现特定的化学反应,比如甲酸滴定、抗凝血剂滴定、快速生化反应、微小颗粒合成等。在两相流问题中,Ahmed等针对微流道中的化学反应,在整个反应过程中,研究了两种液体之间的换热问题,并与单相流问题对比分析,得到了两相流的反应模型。图7.8所示为微流道中的化学反应过程示意图。首先,通过液体的流动将两种液滴混合,形成内部包含氢氧化钠溶液的水滴,然后单个分散的水滴在有机物作为连续相介质的微流道中流动,该有机物溶液中含有不可溶的化学物质硝基苯基,它与水滴相结合使得水滴内部具有一定颜色,这样可以通过水滴内部的颜色变化来观察化学反应进行的过程。在反应中,水滴的大小、连续相介质有机物的流量以及外界环境的温度,对反应的速度都有一定的影响,不过,通过和传统的反应试验对比发现,在微流道中采用弯曲的流道结构可以促进化学反应,提高反应速率。采用单相液体组成的微小单元,在单相液体内部,虽然可

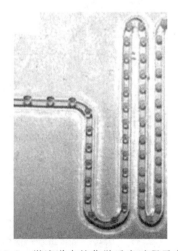

图 7.8 微流道中的化学反应过程示意图

以实现微量试剂的快速反应,但是不能进行多相液体之间的混合。而采用不同液滴与液滴的融合可以使两相或者更多相液体之间快速融合,实现相应的化学反应,同时,在微流道中,通过设计流道形状可以提高液滴与液滴的融合速度,可以在较短的流道中完成化学反应,大大节省融合过程所需要的时间和空间。

此外,基于液滴的微流控系统在有机物的化学反应中也有一定的应用。比如,在水中形成油滴或者在油液中形成水滴,最后两种液滴混合,形成乳化液,可以实现不同有机物在乳化液中的化学反应。不过,在微流道中使用有机溶剂,有机溶剂在流动过程中会对微流道产生一定的腐蚀,引起流道变形,污染流道内部表面,甚至影响到邻近的流道,在流道与流道之间产生泄漏,因此,有机物的化学反应在微流道中进行时,需要采取一些保护措施,防止微流道的表面形状以及流道的密封性受到破坏。

7.3 医疗药物配置

各种聚合物材料可以提高药物进入人体后的吸收率,在医疗药物的外形封装、药物合成以及药剂分配等方面得到了广泛应用。目前,基于液滴的微流控系统,可以通过批量化的方法产生多分散的聚合物微小颗粒,这些微小颗粒单个的体积能够小到纳升甚至更小,在医疗药物的配置中具有重要应用。同时,改进液滴的形成过程可以提高微小颗粒体积的控制精度,使得单个微小颗粒具有更小的体积,能够应用于医学药物、工业染料以及生物工程中酶的合成。液滴能够在亲水和疏水的流道中形成,以液滴为微小单元,不同的液滴之间可以合成微小颗粒,通过设计特定的流道形状可以实现液滴与液滴的快速融合,同时在微流道中随着液体一起流动,实现了微小颗粒的运输,最后到达指定的位置,完成生物、化学以及医学的检查等。这样,在微流体系统中,以微小颗粒为单位可以完成医疗药物的开发、药剂配置以及人工合成,还可以在细胞分析研究中,以单个细胞为单位,将人工合成的微小颗粒和微小结构融入细胞的内部,实现生物细胞的开发,为细胞的后续分析做准备。在细胞开发过程中,可以对蛋白质等有机物进行荧光标记,通过试验来观察在细胞合成与开发过程中,蛋白质等有机物的化学反应与变化,同时可以通过激光来跟踪细胞在微流道中的运动,并对细胞的运动进行控制。在医疗药物配置中,通过荧光标记可以观察单个液滴颗粒的形成,以及液滴颗粒与周围液体之间的物质交换。通过试验发现,药物释放的速率与液滴体积大小和尺寸分布有关,所以,通过控制液滴的体积大小和尺寸分布可以控制药物在液体中释放的速率。

在医疗药物配置过程中,基于液滴的微流控系统,能够形成体积很小的颗粒单元,以这些微小颗粒为单元可以完成医疗药物中各种药物内部不同化学试剂成分的组合,根据需要配置特定物质组成与试剂比例的药物。同时,在药物配置过程中,微小颗粒的聚集程度以及纯洁度对药物的质量有重要影响,在微流道中,以液滴为单位的微小颗粒在微流道中流动,与微流道壁面没有直接接触,能够避免其他物质的污染,使得药物中各种成分的含量更精确,药物质量更高。

7.4　医学成像

微流体装置中,气体在流体中流道中可以产生微小气泡。这些微小气泡可以用于医学检查的超声成像中,作为超声成像的对比试剂进行人体的器官检查时,可以有效地判断受伤组织的位置,还可以对一些疾病进行提前预测。通过提高声波的反射率可以改进超声成像中二维、三维的成像质量,此外,微小气泡用于超声成像技术,它可以根据周围的组织不同对超声波产生不同的反射率,这样可以提高成像的对比度。

同时,在超声成像中,添加对比试剂的大小不仅影响该试剂在流动过程中的通畅度,同时还影响它对超声波的反射率。当气泡的大小为 $2\sim 5\ \mu m$ 时,对于超声波具有最佳的反射率,同时,这个大小对于气泡在人体肺部的毛细管中流动也是十分通畅的。传统的产生气泡的方法是体积膨胀法,用这种方法形成的气泡是多分散的,并且气泡的大小各不相同,很难控制。而基于液滴的微流体系统,可以产生尺寸较小,并且尺寸保持一致的单分散气泡,可以较好地满足超声成像中对于对比试剂尺寸大小的要求。此外,气泡形成过程中,气体组成以及气泡薄膜的组成对于气泡在流动过程中的稳定性都有一定的影响,采用分子量较大,即密度较大的气体,以及较坚硬的薄膜外壳形成的气泡,其稳定性较好,寿命较长。

7.5　生物分子合成

生物学家在很早以前就提出通过人工制造细胞来研究生物内部生命最本质的特征。人工制造细胞可以根据需要配置各种成分,实现特定的生物反应,研究生命内部的活动。基于液滴的微流体系统可以实现细胞的人工合成,为生物医学的研究提供了很好的平台。基于液滴的微流体系统不仅能够实现微小颗粒的合成,同时还能够合成大的生物分子,如蛋白质、DNA 等。此外,基于液滴的微流体系统能够形成大小一致的、单分散的微小颗粒,以每个微小颗粒为单元,包含与生物细胞相似的成分,能够用于人工制造细胞,同时由于微小颗粒的直径可以达到微米级,所以,能够用于复制单个的 DNA,并进行封装。在液滴的微流控系统中形成微小颗粒后,可以通过设计特定的流道形状来控制微小颗粒在流道中运动,这样,微小颗粒可以作为蛋白质在体外表达的微小单元、DNA 放大器以及其他生物化学反应单元,实现特定的化学反应和生物分析。目前,在生物医学中,尽管已经实现活细胞内部的生物分子合成,但是基于液滴的微流控系统,可以在单个液滴内部控制特定的反应,或者实现不同反应的隔离,极大地提高了化学试剂的聚集速度,可以在微小颗粒内部并行地进行生物试验,合成蛋白质或者 DNA 等大分子物质,在分子生物工程中具有潜在的应用价值。

在生物研究中,以液滴为单位,许多细胞内的生物化学反应都可以在单个液滴内完成。例如,利用微小气泡可以进行 ATP 的合成,在液滴形成的乳液中可以实现蛋白质信息的表达,还有细胞膜的运输过程也可以通过液滴运动来模拟。Lin 等采用单个液滴来将新杆状线虫包裹起来,通过单个液滴给线虫作用各种生物毒素研究新杆状线虫对于生物毒素的各种生物反应特性。在微流道中通过液滴的流动来展示分子形成的过程,基于液滴的微流控系统能够将微流道中的其他成分和分子的组成成分隔离,避免分子在形成过程中受到其他物质的污染。采用 Y 型微流道产生液滴,这种方式有两个支流,可以控制每个支流中单个液滴内部所包含的细胞数量,从而实现多种荧光蛋白质的表达。采用这种方式可以在 Y 型微流道中产生与单个细胞大小一致的液滴,设计微流道形状使得液滴在流动的过程中完成生物体内蛋白质的表达。这样,基于液滴的微流控系统可以设计特定的流道形状,经过封装后形成一个简单的微流体芯片,完成了多种蛋白质的表达,合成蛋白质、DNA 等大分子物质。

7.6　微流控芯片诊断

目前,研究基于液滴的微流控系统,其最大的动力是制造微流控芯片,用于医学的诊断和检测。Andreas Manz 等在 20 世纪 90 年代初期提出了微流体芯片实验室的想法。由于在微流道中进行的各种生物试验能够节省反应所需要的试剂,缩短反应时间,以及提高反应效率,所以,随着微流体技术的发展,基于液滴的微流控芯片能够取代其他传统的生物试验系统,在生物医学的许多领域都得到了应用,例如:细胞、蛋白质以及 DNA 的合成。微流体芯片体积小、质量轻,便于运输,所以在一些医疗条件比较困难的地方用于医学诊断能够解决当地医疗设备不足、医疗技术落后等困难。

Srisa-Art 等采用一种荧光检测的方案来检测 DNA 组成物质的运动和能量的传输,这种检测方法也被用于维生素成分的分析。Luo 等提出的电化学检测和电穿孔装置是微流控芯片在生物检测试验中一个重要的应用。这种装置将微电极和形成液滴的微流道集成到一起,在连续相液体硅油的流动中形成单个的水滴。通过微电极之间的阻抗变化,能够得到液滴的流量,从而估计形成液滴的大小。根据需要,控制微电极的通断时间可以控制形成液滴的大小。同时,微电极也可以用于测量水滴在微流道中流过时,水滴中的离子聚集度。此外,通过给微电极输入一定电压,采用微电极还可以在包装的酵母细胞内部实现电穿孔。Luo 等在酵母细胞中添加荧光物质,当酵母细胞在微流道中流动时,通过在微流道两侧布置微电极可以成功实现细胞内部的电穿孔。其研究工作表明,基于液滴的微流控系统可以用于细胞内部组成的检测与分析,同时,还能够实现完全贯穿细胞内部的电穿孔,形成多通孔的内部结构。

采用光学和电化学的方法用来检测液滴的组成成分,为细胞内部成分的分析提供了试验平台,此外,基于液滴的微流控芯片也能用于生物液体的形成和流动过程的模拟,在生物液体流动过程中,可以分析液体的组成。Srinivasan 等设计了一个基于 EWOD 电润湿的液滴产生和试验平台,可以从众多的生物液体,如唾液、尿液和血浆等液体中测量葡萄糖的浓度。采用微电极可以在单个液滴中完成样品和反应物质的混合,这在前面已经提到过。所有的生物液体都可以采用 EWOD 电润湿的方法来驱动,对电极输入的电压低于 75 V,频率大约为 20 Hz,通过控制电极之间的通电顺序实现对液体的驱动。因此,通过在电极之间驱动生物液体运动可以完成生物液体中的一系列化学反应,例如葡萄糖和葡萄糖氧化酶反应产生过氧化酶等,使得葡萄糖被生物体吸收,充分利用葡萄糖的吸收率来监测生物液体中的葡萄糖浓度。Song 等利用液滴检测生物液体的成分,将其用于血液样本的采集和分析。Song 所在的课题组基于液滴开发的微流体芯片,通过设计一个较长的微流道,让血液形成的液滴在流动过程中充分凝固,从而测量血液凝固所需要的时间。此外,该微流控芯片不仅仅在微流道中完成血液的凝固,同时还能够实现其他生物液体在微流道中的凝固,如蛋白质等。在微流道中形成液滴,其内部包含某种特定的生物液体成分,通过液滴在微流道中流动,单个液滴内部可以完成生物内部的一些化学反应,实现生物液体的组成成分和特性分析研究,与传统生物体内的试验测试相比,结果基本一致。

7.7　药物开发

基于液滴的微流控系统可以用于各种化学物质的合成,如蛋白质、DNA 等。但是,其功能不仅仅局限于此,如果在系统中采用一些光学检测元件,比如质谱分析仪、电脉分离仪等,那么,基于液滴的微流控系统就可以被开发为一个具有复杂功能的集成化系统。基于液滴的微流控系统构成的微流控芯片可以完成各种化合物之间的反应试验,用于各种药物的开发以及药物成分的分析。

医学研究中,蛋白质分析的一种重要工具是激光解吸的质谱分析仪,将该工具集成到基于液滴的微流控系统,使之成为蛋白质以及各种化合物分析的重要手段。Wheeler 等在基于液滴的微流控系统中采用 EWOD 电润湿的方法去除化合物中杂质和质谱分析的过程如图 7.9 所示。同时,采用 EWOD 电润湿的方法也可以通过微流道将化合物的样品送到指定的位置,进行特定的化学试验,由于微流道采用的透明材料可以通过显微镜来观察整个反应过程,并根据需要来设计反应先后顺序以及不同药物之间的反应物质组成,整个反应过程能够实现可视化。

基于液滴的微流控系统,在微流道中完成化学反应时,所需要的化学物质较少,可以同时并行地进行多个化学反应试验,所以,由液滴微流控系统开发的微流控芯片,辅助 EWOD 电润湿的方法,用于蛋白质的结晶等试验,相比于传统的方法,具有结晶时间短、效率高等优点。Lau 等在单个微流控芯片中进行了 40 多种不同化学物质的结晶试验,如过氧化氢酶、葡萄糖、铁蛋白等。此外,基于液滴的微流控系统,研究人员在化学物质结晶方面也开展了大量的试验研究。Li 等提出了基于蛋白质薄膜结晶的最优化方法,采用该方法,一个人在不到 20 min 的时间内可以完成近 1 300 次结晶试验。在药物开发中存在着大量的试验工作,采用传统的方法需要大量的人力和物力,经过几年甚至十几年的时间才能完成,而基于液滴的微流控系统开发的微流控芯片可以同时并行地进行多种试验,大大缩短了试验时间,降低了试验成本,研究人员可以在较短时间内完成药物的开发,药品及时投入市场,获得较好的经济效益。同时,药物开发中,采用传统方法不能实现的试验工作,也可以在微流控芯片中开展。

细胞在药物的开发中具有重要的作用,是测试药物性能的微小单位,通过观察单个细胞对于某种药物的反应能够完成药物样品的筛选。传统的药物性能测试,为了完成一个简单的测试试验,采用大量的自动化设备和反应容器。由于反应容器的尺寸较大,所以每

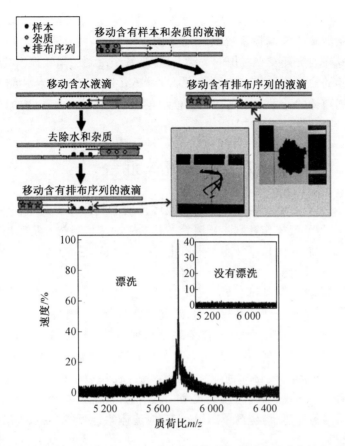

图 7.9　采用 EWOD 电润湿的方法去除化合物杂质和质谱分析的过程

次试验测试都需要大量的细胞作为测试对象,增大了测试工作的难度。而基于液滴的微流控系统,通过在微流控芯片中设计弯曲的微流道实现了微流道中单个细胞的合成。同时,不同的细胞可以聚集到一起,具有一定的数量,细胞和细胞之间可以结合,形成单个液滴单元,进行细胞生物特性的测试。同时,在微流道中,还可以将一个细胞分成两个甚至更多的细胞,这样可以在较短时间内实现细胞培养,达到药物测试所需的细胞数量。所以,在微流控芯片中,以液滴为单元来进行细胞的培养工作能够在较短时间内得到较多数量的细胞,并将其用于药物的开发中,实现细胞内部的结晶反应试验以及细胞的冻结试验等,根据细胞对药物的反应测试结果筛选出最佳的药物样品。

　　运动学分析是药物中化合物成分分析的重要手段,通过运动学分析可以更好地了解酶和其他化学物质的活性。Hsieh 等采用分子光学分析得到了毫秒级的运动分辨率。基于液滴的微流控系统,可以获得较高的运动分析灵敏度,在分析中输入的微弱信号,经过成千上万个微小液滴反应单位的荧光聚集作用而被放大很多倍。Gong 等基于液滴的微流控系统,在不同的工作温度下,研究物化成核现象的动力学特性随着温度的变化规律。Song 等基于液滴的微流控系统,进行了核糖核酸酶的动力学特性测量,达到了毫秒级的运动分辨率。此外,在药物治疗中,不同的化合物之间如何搭配,以及化合物的整个溶解过程,也可以在基于液滴的微流控芯片中实现。

如何增强微流控芯片的各种接口与传统药物检测装置的兼容性,实现微流控系统的自动化,使得基于液滴的微流控系统具有更好的应用前景,能够适应多种药物的研制需要,是微流控芯片在药物开发中应用的关键。所以,基于液滴的微流控系统开发的微流控芯片,需要将芯片的输入和输出接口标准化,同时还要增强微流控芯片结构的模块化设计,能够根据不同药物的开发需要进行不同模块的组装,及时投入药物的试验测试,具有快速适应的能力。

7.8 微流体混合

微流控技术的核心是通过对芯片流道内流体流动的驱动和控制来完成生物、化学反应和分析所需的各种液流操作,因此,微流控芯片的驱动和控制技术是实现微流控技术的前提和基础。微流控芯片的控制技术主要有电渗控制和微阀控制两类。微阀控制包括无源阀控制(被动控制)和有源阀控制(主动控制)。

被动控制的特点是无须外部驱动力,利用流体本身流向、压力变化实现阀状态的改变。被动型立体结构微阀包括双晶片单向阀、梁式微阀、膜片式微阀、圆盘型微阀等,但是目前此类被动型微阀结构仍较为复杂,需要采用硅刻蚀工艺制备完成,加工成本高,多层三维立体结构的工艺流程烦琐,且不易于集成为高密度的微流控系统,阻碍了微阀的进一步发展,因此这种微阀的实用化和商业化程度不高。被动型平面微阀结构有附壁式、扩散/收缩口等无活动部件式、零间隙接触式等,通过特殊流道的结构设计实现阀的阀控作用,虽然这类微阀制备方便、结构简单,其缺点是对流体的封闭能力较低,存在反向回流和工作效率低等问题。

主动控制利用外界驱动力来实现阀的开启和关闭操作,有多种驱动方式,包括双金属、静电、压电效应、电磁、热气膨胀、形状记忆合金、气动等。静电方式产生的驱动力受电极施加电压、驱动器位移和电极间的距离的限制;圆盘型压电驱动方式变形量大但是压力较小,叠堆型压电驱动压力大但是产生的位移较小;电磁驱动方式可获得较大的驱动位移,而驱动力的大小则由线圈匝数和通过线圈的电流决定,电磁线圈尺寸限制造成整体微型化程度不高,因此,不适用于制备体积较小的微阀;形状记忆合金驱动的微阀能获得较高的压力和较长的行程,但是难以精确控制位移量。

以上阀控设备,除气动膜阀外,其驱动设备均位于微流控芯片上部,影响微流控芯片的进一步集成。气动膜阀体积小,控制驱动系统位于芯片外部,因此自从其提出以来,就受到了微流控系统学术界的关注。制备了集成有上千个阀控系统的 PDMS 芯片,并实现了在芯片上多通量、高密度、大规模的流体操控,开启了微流控芯片大规模集成的新时代。

片上膜阀具有很多优点,设计简单、容易集成、反应快速、高密度制造、易于实现,且在工作过程中不会产生死区,易于通过编程实现大规模操作。膜阀采用三层结构,气动微流控芯片照片及膜阀原理图如图 7.10 所示,下层为气体控制(气体微流道)层,中间层为 PDMS 驱动薄膜,上层为试剂(液体微流道)层。上层液体微流道与下层气体微流道交叉垂直放置,由可发生形变的 PDMS 驱动薄膜隔离上下微流道。当气动微流道未施加驱动压力时,膜阀处于打开状态,液体微流道保持畅通。当气体微流道内的驱动压力增加时,

PDMS 驱动薄膜向液体微流道方向发生形变。当压力足够大时,PDMS 驱动薄膜封闭液体微流道,膜阀关闭。驱动压力降低时,PDMS 驱动薄膜依靠自身弹力使形变恢复,膜阀打开,液体微流道重新导通。

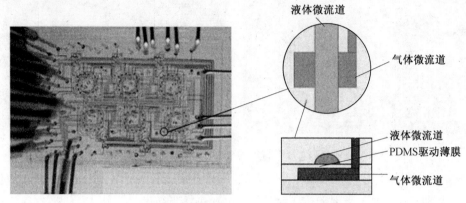

图 7.10　气动微流控芯片照片及膜阀原理图

对于高度集成的气动微流控芯片来说,一个片上膜阀的动作需要一个芯片外部的三通常规尺寸伺服阀/比例阀的控制实现,高密度集成的气动微流控芯片上上千个膜阀的动作需要多个芯片外部的常规尺寸伺服阀/比例阀来控制,因此片外伺服阀/比例阀数量繁多、体积庞大且价格昂贵。气动微流控芯片驱动和控制技术离不开外部气动控制系统的作用,芯片外部气动控制系统主要由压缩空气(气罐或空气压缩机)、气压控制阀组、气动辅助元件、传感器和控制器等组成。目前,外部气动控制系统的组成元件仍然使用常规尺寸气动元件,与微流控芯片相比,外部气动控制系统体积庞大,结构复杂,很难与微流控芯片集成为一个完整的系统。

目前,气动微流控芯片外部气动控制系统中气压控制阀主要是常规尺寸的伺服阀或比例阀,常用的是 Festo 阀组和 SMC 阀组,其供电电压均为 DC24 V。这两类伺服阀有以下优点:①卡套式 24° 锥结构形式连接,方便拆卸;②伺服阀组成有序阀组,所有连接端口有序排列;③能够进行高速操作,开关时间约为 4 ms。以 Festo 阀组为例,包含 8 个三通常闭伺服阀的阀组 MH1－A－24 VDC,其 2015 年市场价格约为 ＄490,体积尺寸为 200 mm×100 mm×80 mm。高度集成的气动微流控芯片外部气动控制系统中常规伺服阀/阀组的小型化和与芯片的集成化是急需解决的问题。

图 7.11 所示为 DNA 分子分析芯片和芯片外部气动控制系统常规尺寸电磁阀组照片。芯片外部常规尺寸电磁阀的体积远远大于微流控芯片本身的体积,对于微流控芯片而言,没有实现真正的集成很难达到便于携带的最终目标。因此,研究气动微流控芯片外部支撑元件中电磁阀/阀组的微型化和集成化是十分必要的。

为了避免使用外部常规尺寸的伺服阀,研究人员对外部气压控制微阀进行了研究。Whitesides 等设计了转矩控制微阀,该阀利用微流道上方安装的能够旋入和旋出的螺钉来控制微流道的开启和关闭,取代外部庞大的气动控制系统。这种微阀结构简单,但难以实现自动化。

Anjewierden 等设计了一个用于取代外部气路中常规尺寸伺服阀的静电微阀,静电

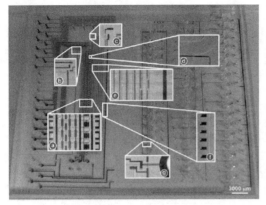

图7.11　DNA分子分析芯片和芯片外部气动控制系统常规尺寸电磁阀组照片

微阀原理示意图及封装照片如图7.12所示。与气动微流控芯片本身相比,该阀体积仍很大,封装后包括 PMMA 支架的微阀总长 75 mm,而且驱动电压高达 DC780 V,远远不能满足气动微流控芯片系统便于携带、低功耗的需求。

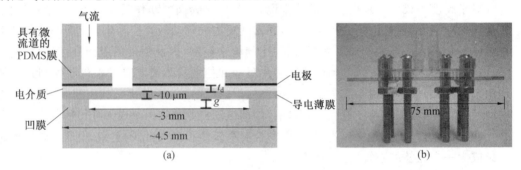

图7.12　静电微阀原理示意图及封装照片

在微流体应用中,尤其是生物化学分析和生物领域,很多场合都需要两种或多种试剂混合,因此微混合器及微量液体混合成为微流控系统的研究重点之一。微混合应具有以下特点:① 反应周期短,混合强度高,试剂消耗少;② 混合设备结构简单,易与 MEMS 技术兼容,且能够批量封装;③ 操作易于控制,输出参数可调;④ 混合设备体积小,易于与芯片上其他基础功能部件高密度集成。

在微纳尺度的微流控芯片中,低雷诺数下流动处于层流状态,液体混合只能通过自然对流进行。在体积/面积比较小的微流控芯片中,缓慢地扩散混合远远不能满足需求,尤其是有大分子需要扩散的场合,比如细胞试验,研究成本与试剂消耗量大大增加,有悖于"绿色环保"的宗旨。为了满足这一需求,随着 21 世纪微流控芯片的突飞发展,很多学者对微混合器及微混合技术进行了研究。

根据是否有外界能量的输入分为被动微混合器和主动微混合器。被动微混合器根据结构不同主要分为 T 型微混合器、分层复合式微混合器、注射式微混合器和混沌对流式微混合器。Sadabadi 等提出了一种基于分割重组流的级联 3 层 PDMS 被动微混合器,在实时流量低于 40 μL/min 时混合效率可达到 85%;试剂实时流量达到 100 μL/min 时,混合效率可达到 80%。这种被动混合方法的缺点是流道尺寸的延长或复杂设计造成芯片制造困难,大大增加了设备封装失败的概率。

主动微混合器的驱动原理与主动微阀类似,在微混合腔外围设置压力场、超声波、电磁场等能量场的驱动装置,能量场接通后对微混合腔内流体流场进行扰动,实现快速、有效混合。驱动方式包括电磁驱动、电动驱动、水动力驱动、压电驱动以及气动等。与片上气动膜阀类似,除了气动微混合器的驱动装置及控制系统位于微流控芯片外部,其他微混合器的驱动装置都必须位于微流控芯片上,大大增加了微流控芯片的体积。因此,近几年来,气动微混合器研究得到了非常广泛的重视。

Hong 等和 Melin 等研制的蠕动式环型气动微混合器成功应用于核酸处理中,包括细胞分离、细胞稀释、DNA 或 mRNA 提取。图 7.13 所示为环型气动微混合器工作示意图。利用颜色密度来代表混合的均匀度,通过观察混合时间从自然扩散混合所需要的几小时缩短到几秒。

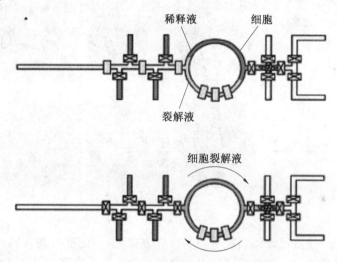

图 7.13　环型气动微混合器工作示意图

Hsiung 等提出一种新颖的气动微混合器,利用液体流道两侧气动流道气压推动液体流道壁振动以加速混合液体试剂。液体流道两边分别对应排列两个气动驱动器,气压为 50 psi 时,壁膜最大变形为 97.5 μm。每个气动微驱动器所对应的移动壁墙长度为 700 μm,宽度为 50 μm,厚度为 100 μm。利用该设备,试剂的混合效率能够达到 93.7%,而且混合时间短,约为 77 ms。

Yang 等在 Hsiung 研究的基础上,提出带有两个或四个气动腔室围绕在液体流道四周的气动涡型微混合器,移动侧壁式气动微混合器和气动涡旋型微混合器如图 7.14 所示。该设计利用排列为涡旋型的四个气动驱动器驱动液体腔壁膜对液体产生一个离心作用而使液体快速混合。

Srinivasan 等提出自吸式气动微混合器,其混合过程示意图及显微照片如图 7.15 所示,利用一个气动微驱动器和一个位于微驱动器腔体上方的混合腔构成自吸式微混合器集成在微流控芯片上,成功应用在生物毒素的生物偶联反应试验中。Weng 等对 Srinivasan 等提出的微混合器进行了改进,在混合器两端各加一个常闭气动膜阀,使试剂在振动混合过程中被挤压出混合腔。该微混合器混合效率 5 s 内可达到 98.4%。Wang

等提出气动涡旋型微混合器，成功应用在生物试剂的快速合成试验中。

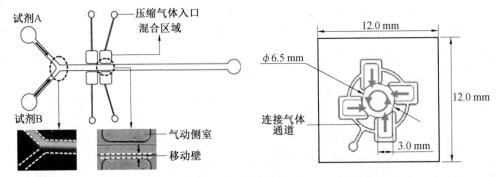

图 7.14　移动侧壁式气动微混合器和气动涡旋型微混合器

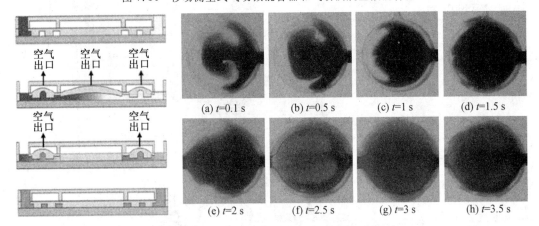

图 7.15　自吸式气动微混合器混合过程示意图及显微照片

　　液滴微流控系统是微流体领域重要的研究方向之一，能够实现液滴形成、液滴合并、液滴分离和液滴融合等。该系统可以进行样品成分分析与检测、医学药物开发、生物细胞的合成等多种试验，在化学、生物和医学领域都具有广阔的应用前景。基于液滴开发的微流体芯片，体积小、质量轻，可以模拟生物体内的各种化学反应，还能完成在生物体内不能开展的研究工作，为生物医学的研究搭建了一个很好的试验平台，与传统的生物医学试验相比，能够减少反应试剂用量，缩短反应时间，提高反应效率，降低试验成本。针对目前国内外在液滴领域的研究现状，主要从化学反应、医疗药物的配置、医学成像、生物分子合成、芯片诊断、药物开发与微流体混合等方面，对基于液滴的微流控系统在化学、生物和医学等领域的应用归纳总结，根据已取得的研究成果表明，基于液滴的微流控系统在多学科交叉研究中具有重要作用。可以预见，液滴微流控系统将极大地推动材料、化学、生物和医学等多学科的基础理论与应用研究，对于促进多学科的交叉融合与发展具有重要意义。

参 考 文 献

[1] 方肇伦. 微流控分析芯片[M]. 北京：科学出版社，2003.

[2] WHITESIDES G M. The origins and the future of microfluidics[J]. Nature, 2006, 442: 368-373.

[3] 林炳承，秦建华. 微流控芯片实验室[M]. 北京：科学出版社，2007.

[4] DEMELLO J. Control and detection of chemical reactions in microfluidic systems [J]. Nature, 2006, 442: 394-402.

[5] EL-ALI J, SORGER P K, JENSEN K F. Cells on chips[J]. Nature, 2006, 442: 403-411.

[6] WEIBEL D B, WHITESIDES G M. Applications of microfluidics in chemical biology[J]. Curr. Opin. Chem. Biol. , 2006, 10: 584-591.

[7] 李松晶，曾文. 液滴微流控系统的研究现状及其应用[J]. 液压与气动，2013，6: 13-23.

[8] HOU L K, REN Y K, JIA Y K, et al. Continuously electro triggered core coalescence of double-emulsion drops for micro reactions[J]. ACS applied materials and interfaces, 2017, 9: 12282-12289.

[9] HALE W, ROSSETTO G, GREENHALGH R, et al. High-resolution nuclear magnetic resonance spectroscopy in microfluidic droplets[J]. Lab on a chip, 2018, 18: 3018-3024.

[10] RANE T D, ZEC H C, PULEO C, et al. Droplet microfluidics for amplification-free genetic detection of single cells[J]. Lab on a chip, 2012, 12: 3341-3347.

[11] ZHANG T W, WU J, LIN X J. Numerical investigation on formation and motion of bubble or droplet in quiescent flow[J]. Physics of fluids, 2020, 32: 032106.

[12] LI R, JIA F, ZHANG W K, et al. Device for whole genome sequencing single circulating tumor cells from whole blood[J]. Lab on a chip, 2019, 19: 3168-3178.

[13] SCHULER F, TROTTER M, GELTMAN M, et al. Digital droplet PCR on disk [J]. Lab on a chip, 2016, 16: 208-216.

[14] ZHANG H Q, LIA H N, ZHUA H L, et al. Revealing the secrets of PCR[J]. Sensors & actuators: B. chemical, 2019, 298: 126924.

[15] ZHANG Y H, JIANG H R. A review on continuous-flow microfluidic PCR in droplets: Advances, challenges and future[J]. Analytica chimica acta, 2016, 914: 7-16.

[16] PAN Y, MA T, MENG Q, et al. Droplet digital PCR enabled by microfluidic impact printing for absolute gene quantification[J]. Talanta, 2020, 211: 120680.

[17] ZHUANG J J, YIN J X, LV S W, et al. Advanced "lab-on-a-chip" to detect

viruses-current challenges and future perspectives [J]. Biosensors and bioelectronics, 2020, 163: 112291.

[18] SRISA-ART M, DEMELLO A J, EDEL J B. High-throughput DNA droplet assays using pico liter reactor volumes[J]. Anal. Chem. , 2007, 79: 6682-6689.

[19] ZHAN Y H, WANG J, BAO N, et al. Electroporation of cells in microfluidic droplets[J]. Anal. Chem. , 2009, 81: 2027-2031.

[20] RANE T D, ZEC H C, PULEO C, et al. Droplet microfluidics for amplification-free genetic detection of single cells[J]. Lab chip, 2012, 12: 3341-3347.

[21] MINE Y, SHIMIZU M, NAKASHIMA T. Preparation and stabilization of simple and multiple emulsions using a microporous glass membrane[J]. Colloids. Surf. B, 1996, 6: 104-112.

[22] JOSCELYNE S M, TRAGARDH G. Membrane emulsification: A literature review[J]. J. Membr. Sci. , 2000, 169: 107-117.

[23] TEH S Y, LIN R, HUNG L H, et al. Droplet microfluidics[J]. Lab chip, 2008, 8: 198-220.

[24] YOBAS L, MARTENS S, ONG W L, et al. High-performance flow-focusing geometry for spontaneous generation of monodispersed droplets[J]. Lab chip, 2006, 6: 1073-1079.

[25] FRYD M M, MASON T G. Self-limiting droplet fusion in ionic emulsions[J]. Soft matter, 2014, 10: 4662-4673.

[26] XU J H, LI S W, TAN J, et al. Formation of monodisperse micro bubbles in a microfluidic device[J]. Anal. Chem. , 2006, 52: 3005-3010.

[27] NISISAKO T, TORII T, HIGUCHI T. Droplet formation in a micro channel network[J]. Lab chip, 2002, 2: 24-26.

[28] TAN Y C, CRISTINI V, LEE A P. Monodispersed microfluidic droplet generation by shear focusing microfluidic device[J]. Sens. actuators B, 2006, 114: 350-356.

[29] WANG K, LU Y C, XU J H, et al. Determination of dynamic interfacial tension and its effect on droplet formation in the T-shaped micro dispersion process[J]. Langmuir, 2009, 25: 2153-2158.

[30] XU Q F, NAKAJIMA M. The generation of highly monodisperse droplets through the breakup of hydrodynamically focused micro thread in a microfluidic device[J]. Appl. Phys. Lett. , 2004, 85: 3726-3728.

[31] ROSENFELD L, FAN L, CHEN Y H, et al. Break-up of droplets in a concentrated emulsion flowing through a narrow constriction[J]. Soft matter, 2014, 10: 421-430.

[32] ZHOU C F, YUE P T, FENG J J. Formation of simple and compound drops in microfluidic devices[J]. Phys. fluids, 2006, 18: 092105.

［33］ GONG J, KIM C J. All-electronic droplet generation on-chip with real-time feedback control for EWOD digital microfluidics[J]. Lab chip, 2008, 8: 898-906.

［34］ ZHAO Y J, CHO S K. Micro air bubble manipulation by Electro Wetting On Dielectric (EWOD): Transporting, splitting, merging and eliminating of bubbles [J]. Lab chip, 2007, 7: 273-280.

［35］ AHN K, AGRESTI J, CHONG H, et al. Electro coalescence of drops synchronized by size-dependent flow in microfluidic channels[J]. Appl. Phys. Lett. , 2006, 88: 264105.

［36］ LORENZ R M, EDGAR J S, JEFFRIES G D M, et al. Microfluidic and optical systems for the on-demand generation and manipulation of single femtoliter volume aqueous droplets[J]. Anal. Chem. , 2006, 78: 6433-6439.

［37］ NUNES K, TSAI S S H, WAN J, et al. Dripping and jetting in microfluidic multiphase flows applied to particle and fiber synthesis[J]. J. Phys. D: Appl. Phys. , 2013, 46: 114002.

［38］ TING T H, YAP Y F, NGUYEN N T, et al. Thermally mediated breakup of drops in micro channels[J]. Appl. Phys. Lett. , 2006, 89: 234101.

［39］ FAIR R B. Digital microfluidics: Is a true lab-on-a-chip possible? [J]. IEEE Des. test Comput. , 2007, 24: 10-24.

［40］ THORSEN T, ROBERTS R W, ARNOLD F H, et al. Dynamic pattern formation in a vesicle-generating microfluidic device[J]. Phys. Rev. Lett. , 2001, 86: 4163-4166.

［41］ DEMENECH M, GARSTECKI P, JOUSSE F, et al. Transition from squeezing to dripping in a microfluidic T-shaped junction[J]. J. fluid Mech. , 2008, 595: 141-161.

［42］ GARSTECKI P, FUERSTMAN M J, STONE H A, et al. Formation of droplets and bubbles in a microfluidic T-junction-scaling and mechanism of break-up[J]. Lab chip, 2006, 6: 437-446.

［43］ GLAWDEL T, ELBUKEN C, REN C L. Droplet formation in microfluidic T-junction generators operating in the transitional regime: Experimental observations[J]. Phys. Rev. E. , 2012, 85: 016322.

［44］ GLAWDEL T, ELBUKEN C, REN C L. Droplet formation in microfluidic T-junction generators operating in the transitional regime: Modeling[J]. Phys. Rev. E. , 2012, 85: 016323.

［45］ CHRISTOPHER G F, NOHARUDDIN N N, TAYLOR J A, et al. Experimental observations of the squeezing-to-dripping transition in T-shaped microfluidic junctions[J]. Phys. Rev. E. , 2008, 78: 71-79.

［46］ XU J H, LI S W, TAN J, et al. Correlations of droplet formation in T-junction microfluidic devices: From squeezing to dripping[J]. Microfluid nanofluid, 2008,

5：711-717.

[47] XU J H，LUO G S，LI S W，et al. Shear force induced monodisperse droplet formation in a microfluidic device by controlling wetting properties[J]. Lab chip，2006，6：131-136.

[48] BRANSKY A，KORIN N，KHOURY M，et al. A microfluidic droplet generator based on a piezoelectric actuator[J]. Lab chip，2009，9：516-520.

[49] CHURSKI K，MICHALSKI J，GARSTECKI P. Droplet on demand system utilizing a computer controlled micro valve integrated into a stiff polymeric microfluidic device[J]. Lab chip，2010，10：512-518.

[50] CHOI J H，LEE S K，LIM J M，et al. Designed pneumatic valve actuators for controlled droplet breakup and generation[J]. Lab chip，2010，10：456-461.

[51] ZENG S J，LI B W，SU X，et al. Microvalve-actuated precise control of individual droplets in microfluidic devices[J]. Lab chip，2009，9：1340-1343.

[52] THORSEN T，MAERKL S J，QUAKE S R. Microfluidic large-scale integration [J]. Science，2002，298：580-584.

[53] UNGER M A，CHOU H P，THORSEN T，et al. Monolithic micro fabricated valves and Pumps by multilayer soft lithography [J]. Science，2000，288：113-116.

[54] WANG K L，JONES T B，RAISANEN A. DEP actuated nanoliter droplet dispensing using feedback control[J]. Lab chip，2009，9：901-909.

[55] LINK D R，ANNA S L，WEITZ D A，et al. Geometrically mediated breakup of drops in microfluidic devices[J]. Phys. Rev. Lett.，2004，92：054503.

[56] MOYLE T M，WALKER L M，ANNA S L. Controlling thread formation during tip streaming through an active feedback control loop[J]. Lab chip，2013，13：4534-4541.

[57] KEBRIAEI R，BASU A S. Autosizing closed-loop drop generator using morphometric image feedback [C]. International conference on miniaturized systems for chemistry and life sciences，2013：1944-1946.

[58] GARSTECKI P，STONE H A，WHITESIDES G M. Mechanism for flow-rate controlled breakup in confined geometries：A route to monodisperse emulsions[J]. Phys. Rev. Lett.，2005，94：164501.

[59] HAEBERLE S，ZENGERLE R，DUCREE J. Centrifugal generation and manipulation of droplet emulsions[J]. Microfluid nanofluid，2007，3：65-75.

[60] HE M，EDGAR J S，JEFFRIES G D M，et al. Selective encapsulation of single cells and subcellular organelles into pico liter and femtoliter-volume droplets[J]. Anal. Chem.，2005，77：1539-1544.

[61] CHOI J H，LEE S K，LIM J M，et al. Designed pneumatic valve actuators for controlled droplet breakup and generation[J]. Lab chip，2010，10：456-461.

[62] UTADA A S, CHU L Y, FERNANDEZ-NIEVES A, et al. Dripping, jetting, drops, and wetting: The magic of microfluidics[J]. MRS bull, 2007, 32: 702-708.

[63] GARSTECKI P, GITLIN I, LUZIO W D, et al. Formation of monodisperse bubbles in a microfluidic flow-focusing device[J]. Appl. Phys. Lett., 2004, 10: 2649-2651.

[64] ALFONSO M, CALVO G, GORDILLO J M. Perfectly monodisperse micro bubbling by capillary flow focusing[J]. Phys. Rev. Lett., 2001, 87: 274501.

[65] FIDALGO L M, ABELL C, HUCK W T S. Surface-induced droplet fusion in microfluidic devices[J]. Lab chip, 2007, 7: 984-986.

[66] LAO K L, WANG J H, LEE G B. A microfluidic platform for formation of double-emulsion droplets[J]. Microfluid nanofluid, 2009, 7: 709-719.

[67] KOBAYASHI I, TAKANO T, MAEDA R, et al. Straight-through micro channel devices for generating monodisperse emulsion droplets several microns in size[J]. Microfluid nanofluid, 2008, 4: 167-177.

[68] LINK D R, ANNA S L, WEITZ D A, et al. Geometrically mediated breakup of drops in microfluidic devices[J]. Phys. Rev. Lett., 2004, 92: 054503.

[69] MORITANI T, YAMADA M, SEKI M. Generation of uniform-size droplets by multistep hydrodynamic droplet division in microfluidic circuits[J]. Microfluid nanofluid, 2011, 11: 601-610.

[70] CHRISTOPHER G F, ANNA S L. Microfluidic methods for generating continuous droplet streams[J]. J. Phys. D: Appl. Phys., 2007, 40: 319-336.

[71] ABATE A R, ROMANOWSKY M B, AGRESTI J J, et al. Valve-based flow focusing for drop formation[J]. Appl. Phys. Lett., 2009, 94: 023503.

[72] GUO F, LIU K, JI X H, et al. Valve-based microfluidic device for droplet on-demand operation and static assay[J]. Appl. Phys. Lett., 2010, 97: 233701.

[73] ANNA S L, BONTOUX N, STONE H A. Formation of dispersions using "flow focusing" in micro channels[J]. Appl. Phys. Lett., 2003, 82: 364-366.

[74] XU J H, DONG P F, ZHAO H, et al. The dynamic effects of surfactants on droplet formation in coaxial microfluidic devices[J]. Langmuir, 2012, 28: 9250-9258.

[75] LI Z D, MAK S Y, SAURET A, et al. Syringe-pump-induced fluctuation in all-aqueous microfluidic system implications for flow rate accuracy[J]. Lab chip, 2014, 14: 744-749.

[76] FÜTTERER C, MINC N, BORMUTH V, et al. Injection and flow control system for micro channels[J]. Lab chip, 2004, 4: 351-356.

[77] PRIEST C, HERMINGHAUS S, SEEMANN R. Generation of monodisperse gel emulsions in a microfluidic device[J]. Appl. Phys. Lett., 2006, 88: 024106.

[78] CHU L Y, UTADA A S, SHAH R K, et al. Controllable Monodisperse Multiple Emulsions[J]. Angew. Chem. Int. Ed. , 2007, 46: 8970-8974.

[79] HONG Y P, WANG F J. Flow rate effect on droplet control in a co-flowing microfluidic device[J]. Microfluid nanofluid, 2007, 3: 341-346.

[80] GOULPEAU J, TANIGA V, KIEFFER C A. The maesflo device: A complete microfluidic control systems[C]. Mater. Res. Soc. Symp. Proc. , 2009, 119: 67-72.

[81] YOKOKAWA R, SAIKA T, NAKAYAMA T, et al. On-chip syringe pumps for picoliter-scale liquid manipulation[J]. Lab chip, 2006, 6: 1062-1066.

[82] STEIJN V V, KLEIJN C R, KREUTZER M T. Predictive model for the size of bubbles and droplets created in microfluidic T-junctions[J]. Lab chip, 2010, 10: 2513-2518.

[83] KORCZYK P M, CYBULSKI O, MAKULSKA S, et al. Effects of unsteadiness of the rates of flow on the dynamics of formation of droplets in microfluidic systems[J]. Lab chip, 2011, 11: 173-175.

[84] ABATE A R, MARY P, STEIJN V V, et al. Experimental validation of plugging during drop formation in a T-junction[J]. Lab chip, 2012, 12: 1516-1521.

[85] PANG Y, KIM H, LIU Z M, et al. A soft micro channel decreases polydispersity of droplet generation[J]. Lab chip, 2014, 14: 4029-4034.

[86] BONG K W, CHAPIN S C, PREGIBON D C, et al. Compressed-air flow control system[J]. Lab chip, 2011, 11: 743-747.

[87] MILLER E, ROTEAB M, ROTHSTEIN J P. Microfluidic device incorporating closed loop feedback control for uniform and tunable production of micro-droplets [J]. Lab chip, 2010, 10: 1293-1301.

[88] ZENG W, JACOBI I, LI S J, et al. Variation in polydispersity in pump and pressure-driven micro droplet generators[J]. J. Micromech. Microeng. , 2015, 25: 115015.

[89] BEER N R, ROSE K A, KENNEDY I M. Observed velocity fluctuations in monodisperse droplet generators[J]. Lab chip, 2009, 9: 838-840.

[90] GLAWDEL T, REN C L. Global network design for robust operation of microfluidic droplet generators with pressure-driven flow [J]. Microfluid nanofluid, 2012, 24: 34-38.

[91] ZEC H, RANE T D, WANG T H. Microfluidic platform for on-demand generation of spatially indexed combinatorial droplets[J]. Lab chip, 2012, 12: 3055-3062.

[92] SCHNEIDER T, BURNHAM D R, ORDEN J V, et al. Systematic investigation of droplet generation at T-junctions[J]. Lab chip, 2011, 11: 2055-2059.

[93] KIM D, CHESLER N C, BEEBE D J. A method for dynamic system

characterization using hydraulic series resistance[J]. Lab chip, 2006, 6: 639-644.

[94] FUERSTMAN M J, LAI A, THURLOW M E, et al. The pressure drop along rectangular microchannels containing bubbles[J]. Lab chip, 2007, 7: 1479-1489.

[95] BASU AMAR S. Droplet Morphometry and Velocimetry (DMV): A video processing software for time-resolved, label-free tracking of droplet parameters [J]. Lab chip, 2013, 13: 1892-1901.

[96] ELBUKEN C, GLAWDEL T, CHAN D, et al. Detection of micro droplet size and speed using capacitive sensors[J]. Sens. Actuators. A. , 2011, 171: 55-62.

[97] HE M Y, KUO J S, CHIU D T. Electro-generation of single femtoliter and picoliter-volume aqueous droplets in microfluidic systems[J]. Appl. Phys. Lett. , 2005, 87: 031916.

[98] CHOI W K, LEBRASSEUR E, AL-HAQ M I, et al. Nano-liter size droplet dispenser using electrostatic manipulation technique[J]. Sens. Actuators. A. , 2007, 136: 484-490.

[99] CHEN J Z, DARHUBER A A, TROIAN S M, et al. Capacitive sensing of droplets for microfluidic devices based on thermo capillary actuation[J]. Lab chip, 2004, 4: 473-480.

[100] LI Y, DALTON C, CRABTREE H J, et al. Continuous dielectrophoretic cell separation microfluidic device[J]. Lab chip, 2007, 7: 239-248.

[101] WANG J, LU C. Microfluidic cell fusion under continuous direct current voltage [J]. Appl. Phys. Lett. , 2006, 89: 234102.

[102] TRESSET G, TAKEUCHI S. Utilization of cell-sized lipid containers for and structure and macromolecule handling in micro fabricated devices[J]. Anal. Chem. , 2005, 77: 2795-2801.

[103] BAROUD C N, VINCENT M R D S, DELVILLE J P. An optical toolbox for total control of droplet microfluidics[J]. Lab chip, 2007, 7: 1029-1033.

[104] LORENZ R M, EDGAR J S, JEFFRIES G D M, et al. Microfluidic and optical systems for the on-demand generation and manipulation of single femtoliter-volume aqueous droplets[J]. Anal. Chem. , 2006, 78: 6433-6439.

[105] BOYBAY M S, JIAO A, GLAWDEL T, et al. Microwave sensing and heating of individual droplets in microfluidic devices[J]. Lab chip, 2013, 13: 3840-3846.

[106] ABATE A R, KUTSOVSKY M, SEIFFERT S, et al. Synthesis of monodisperse microparticles from non-newtonian polymer solutions with microfluidic devices [J]. Adv. mater, 2011, 23: 1757.

[107] ABATE A R, WEITZ D A. Faster multiple emulsification with drop splitting [J]. Lab chip, 2011, 11: 1911-1915.

[108] LORENCEAU E, UTADA A S, LINK D R, et al. Generation of polymerosomes from double-emulsions[J]. Langmuir, 2005, 21: 9183-9186.

[109] DENDUKURI D, TSOI K, HATTON T A, et al. Controlled synthesis of non-spherical microparticles using microfluidics[J]. Langmuir, 2005, 21: 2113-2116.

[110] ABATE A R, WEITZ D A. Single-layer membrane valves for elastomeric microfluidic devices[J]. Appl. Phys. Lett. , 2008, 92: 243509.

[111] AGRESTI J J, ANTIPOV E, ABATE A R, et al. Ultrahigh-throughput screening in drop-based microfluidics for directed evolution[J]. Proc. Natl. Acad. Sci. , 2010, 107: 4004.

[112] TEWHEY R, WARNER J B, NAKANO M, et al. Microdroplet-based PCR enrichment for large-scale targeted sequencing[J]. Nature biotechnology, 2009, 27: 1025-1031.

[113] QU B Y, EU Y J, JEONG W J, et al. Droplet electroporation in microfluidics for efficient cell transformation with or without cell wall removal[J]. Lab chip, 2012, 12: 4483-4488.

[114] WATTS P, WILES C. Recent advances in synthetic micro reaction technology [J]. Chem. Commun. , 2007, 5: 443-467.

[115] SONG H, CHEN D L, ISMAGILOV R F. Reactions in droplets in microfluidic channels[J]. Angew. Chem. Int. Ed. , 2006, 45: 7336-7356.

[116] WARD W, COSGROVE T, ESPIDEL J, et al. Monodisperse emulsions from a microfluidic device, characterised by diffusion NMR[J]. Soft matter, 2007, 3: 627-633.

[117] ZHENG B, TICE J D, ISMAGILOV R F. Formation of arrayed droplets of soft lithography and two-phase fluid flow, and application in protein crystallization [J]. Adv. Mater, 2004, 16: 1365-1368.

[118] DENDUKURI D, GU S S, PREGIBON D C, et al. Stop-flow lithography in a microfluidic device[J]. Lab chip, 2007, 7: 818-828.

[119] AHMED B, BARROW D, WIRTH T. Enhancement of reaction rates by segmented fluid flow in capillary scale reactors[J]. Adv. Synth. Catal. , 2006, 348: 1043-1048.

[120] UM E, LEE D S, PYO H B, et al. Continuous generation of hydrogel beads and encapsulation of biological materials using a microfluidic droplet-merging channel [J]. Microfluid nanofluid, 2008, 5: 541-549.

[121] SIVASAMY J, CHIM Y C, WONG T N, et al. Reliable addition of reagents into microfluidic droplets[J]. Microfluid nanofluid, 2010, 8: 409-416.

[122] TAN W H, TAKEUCHI S. Timing controllable electrofusion device for aqueous droplet-based micro reactors[J]. Lab chip, 2009, 6: 757-763.

[123] LOIKO V A, DICK V P. Coherent transmittance of a polymer dispersed liquid crystal film in a strong field: Effect of correlation and polydispersity of droplets [J]. Optics and spectroscopy, 2003, 94: 595-599.

[124] TING T H, YAP Y F, NGUYEN N T, et al. Thermally mediated breakup of drops in micro channels[J]. Appl. Phys. Lett. , 2006, 89: 234101.

[125] TAN Y C, FISHER J S, LEE A I, et al. Design of microfluidic channel geometries for the control of droplet volume, chemical concentration, and sorting [J]. Lab chip, 2004, 4: 292-298.

[126] ABATE A R, WEITZ D A. High-order multiple emulsions formed in poly(dimethylsiloxane) microfluidics[J]. Small, 2009, 5: 2030-2032.

[127] DITTRICH P S, MANZ A. Lab-on-a-chip: Microfluidics in drug discovery[J]. Nat. Rev. drug discovery, 2006, 5: 210-218.

[128] HUANG K S, LAI T H, LIN Y C. Using a microfluidic chip and internal gelation reaction for monodisperse calcium alginate micro particles generation[J]. Lab chip, 2006, 6: 954-957.

[129] SHAH R K, SHUM H C, ROWAT A C, et al. Designer emulsions using microfluidics[J]. Mater today, 2008, 11: 18-27.

[130] NOIREAUX N, LIBCHABER A. A vesicle bioreactor as a step toward an artificial cell assembly[J]. Proc. Natl. Acad. Sci. , 2004, 101: 17669-17674.

[131] LONG M S, JONES C D. Dynamic micro compartmentation in synthetic cells [J]. Proc. Natl. Acad. Sci. , 2005, 102: 5920-5925.

[132] CHU L Y, UTADA A S, SHAH R K, et al. Controllable monodisperse multiple emulsions[J]. Angew. Chem. Int. Ed. , 2007, 46: 8970-8977.

[133] NIE Z H, XU S Q, SEO M, et al. Polymer particles with various shapes and morphologies produced in continuous microfluidic reactors[J]. J. Am. Chem. Soc. , 2005, 127: 8058-8063.

[134] FAN R, NAQVI K, PATEL K, et al. Evaporation-based microfluidic production of oil-free cell-containing hydrogel particles [J]. Biomicrofluidics, 2015, 9: 052602.

[135] RONDEAU E, COOPER-WHITE J J. Formation of multilayered biopolymer microcapsules and microparticles in a multiphase microfluidic flow[J]. Biomicrofludics, 2012, 6: 024125.

[136] CHOI H J, MONTEMAGNO C D. Biosynthesis within a bubble architecture [J]. Nanotechnology, 2006, 17: 2198-2202.

[137] GUO M T, ROTEM A, HEYMAN J A, et al. Droplet microfluidics for high-throughput biological assays[J]. Lab chip, 2012, 12: 2146-2155.

[138] RANE T D, ZEC H C, PULEO C, et al. Droplet microfluidics for amplification-free genetic detection of single cells[J]. Lab chip, 2012, 12: 3341-3347.

[139] HUEBNER A, SRISA-ART M, HOLT H, et al. Quantitative detection of protein expression in single cells using droplet microfluidics [J]. Chem. Commun. , 2007, 12: 1218-1220.

[140] TAO Y, ROTEM A, ZHANG H D, et al. Rapid, targeted and culture-free viral infectivity assay in drop-based microfluidics[J]. Lab chip, 2015, 15: 3934-3940.

[141] GRIFFITHS I, TAWFIK D S. Miniaturising the laboratory in emulsion droplets [J]. Trends biotechnol, 2006, 24: 395-402.

[142] ZENG W, TONG Z Z, SHAN X B, et al. Monodisperse droplet formation for both low and high capillary numbers in a T-junction microdroplet generator[J]. Chemical engineering science, 2021, 243: 116799.

[143] ZENG W, YANG S, LIU Y C, et al. Precise monodisperse droplet generation by pressure-driven microfluidic flows [J]. Chemical engineering science, 2022, 248: 117206.

[144] TOPRAKCIOGLU Z, CHALLA P K, LEVIN A, et al. Observation of molecular self-assembly events in massively parallel microdroplet arrays[J]. Lab chip, 2018, 18:3303-3309.

[145] FENG H H, ZHENG T T, LI M Y, et al. Droplet-based microfluidics systems in biomedical applications[J]. Electrophoresis, 2019, 40: 1580-1590.

[146] LI H T, WANG H F, WANG Y, et al. A minimalist approach for generating picoliter to nanoliter droplets based on an asymmetrical beveled capillary and its application in digital PCR assay[J]. Talanta, 2020, 217: 120997.

[147] CHEN Z T, LIAO P Y, ZHANG F L, et al. Centrifugal micro-channel array droplet generation for highly parallel digital PCR[J]. Lab chip, 2017, 17: 235-240.

名 词 索 引

附录　部分彩图

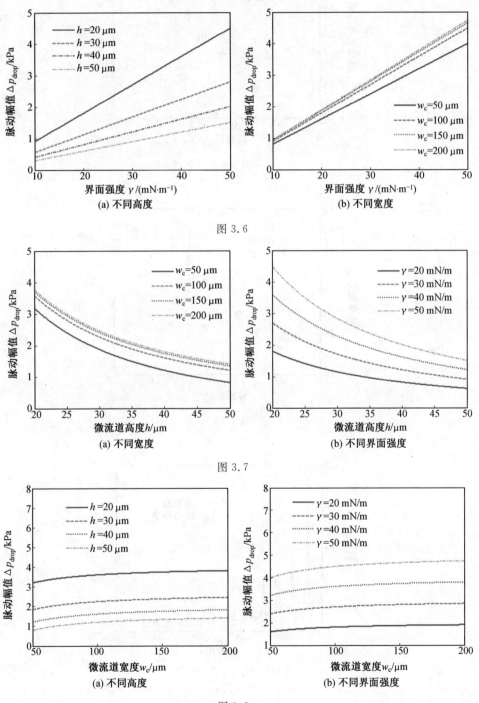

图 3.6

图 3.7

图 3.8

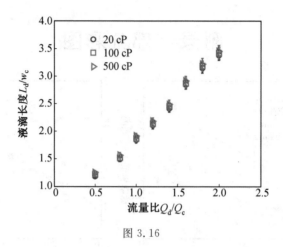

图 3.16

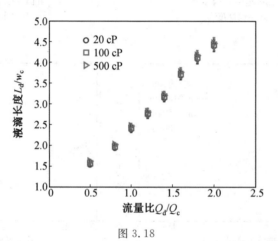

图 3.18

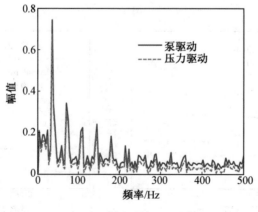

图 3.33

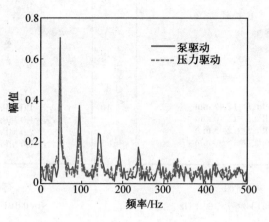

图 3.34

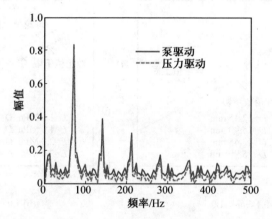

图 3.35

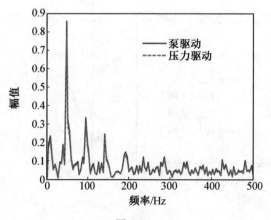

图 3.38

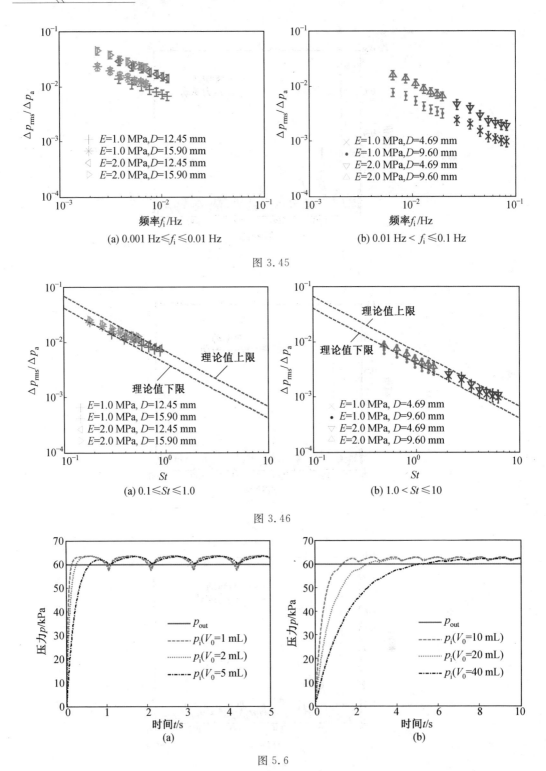

图 3.45

图 3.46

图 5.6

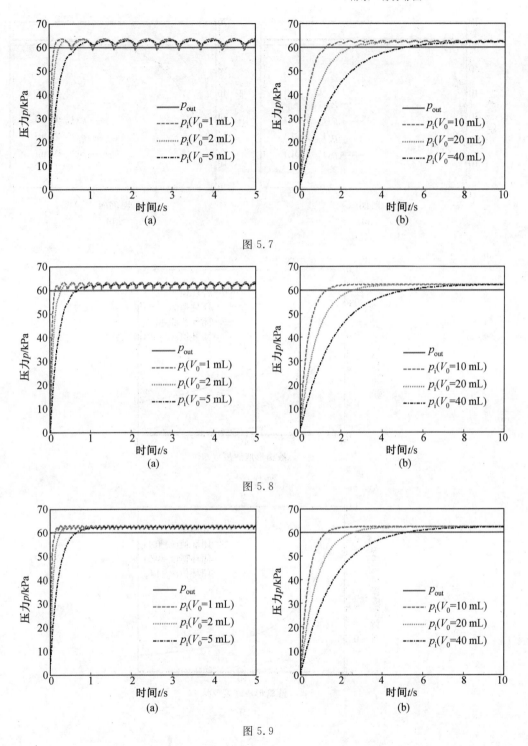

图 5.7

图 5.8

图 5.9

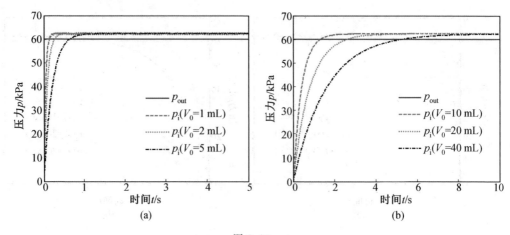

图 5.10

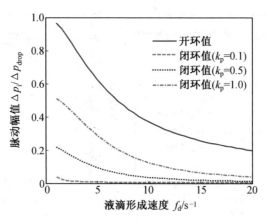

图 5.17

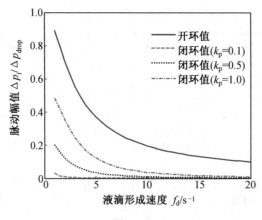

图 5.18

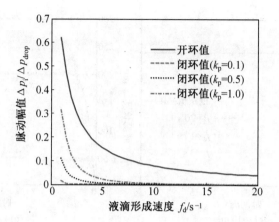

图 5.19

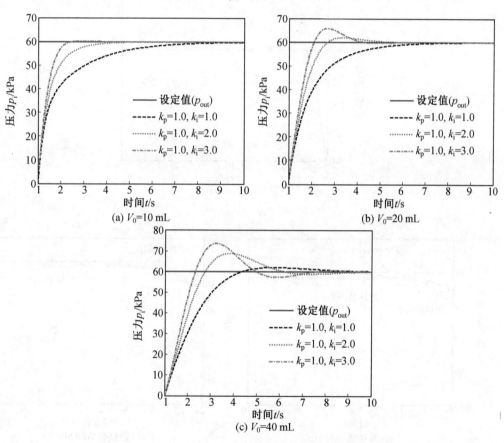

(a) $V_0=10$ mL

(b) $V_0=20$ mL

(c) $V_0=40$ mL

图 5.20

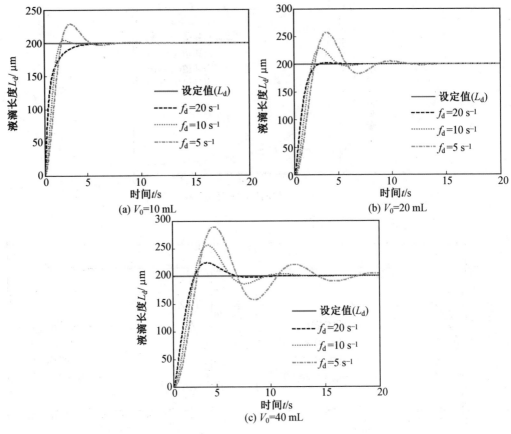

图 5.22

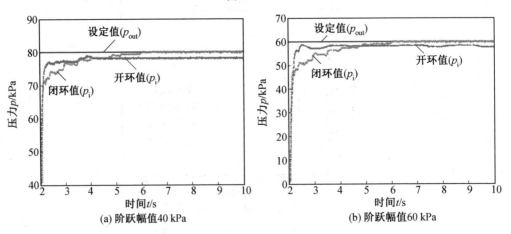

图 5.24

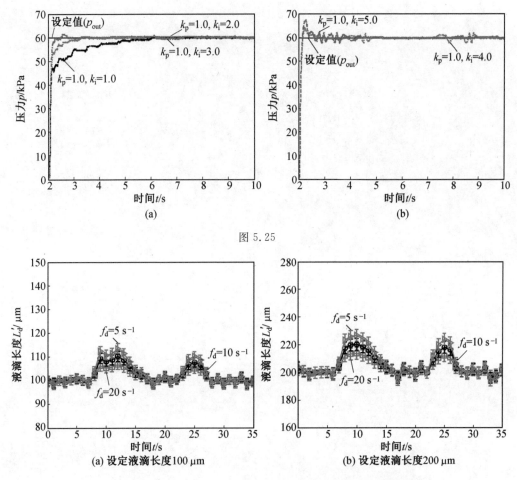

图 5.25

(a) 设定液滴长度100 μm　　(b) 设定液滴长度200 μm

图 5.31